ZHONGGUOJIE JICHU

中国结基础

一本通

犀文图书 编著

U0324305

天津出版传媒集团

天津科技翻译出版有限公司

图书在版编目（CIP）数据

中国结基础一本通 / 犀文图书编著 . — 天津：天津
科技翻译出版有限公司, 2015.9
　　ISBN 978-7-5433-3522-6

　　Ⅰ. ①中… Ⅱ. ①犀… Ⅲ. ①编织－手工艺品－制作
－中国 Ⅳ. ① TS935.5

　　中国版本图书馆 CIP 数据核字 (2015) 第 142721 号

出　　　版：天津科技翻译出版有限公司
出 版 人：刘　庆
地　　　址：天津市南开区白堤路 244 号
邮政编码：300192
电　　　话：（022）87894896
传　　　真：（022）87895650
网　　　址：www.tsttpc.com
策　　　划：犀文图书
印　　　刷：北京画中画印刷有限公司
发　　　行：全国新华书店
版本记录：787×1092　16 开本　12 印张　240 千字
　　　　　　2015 年 9 月第 1 版　2015 年 9 月第 1 次印刷
　　　　　　定价：39.80 元

P前言
reface

中国结是传统文化的象征之一，"结"体现着中国人追求真、善、美的美好愿望。发展至今天，"结"已经不再是简单的历史传承，它融入了现代人对生活的诠释，融入了现代艺术的巧思。

闲暇的时光，缤纷的想法，不需要太多的准备，一些简简单单的东西就可以在自己的手上变成美丽的装饰品，这种成就感是无法用言语表达的。将玉石、水晶、蜜蜡、玛瑙、珍珠等各种不同材料的时尚配件与传统的结艺进行有机结合，编制出一款既富含古典气息又不乏时尚魅力的饰品，不仅可以表现自己的心灵手巧，还可以彰显个人的品位风格。但对于很多初学者来说，手工艺的入门学习是不可或缺的，只要入了门，在自己的努力下，很多繁复、高难度的作品就可应运而生。

本书全面介绍了中国结的入门技艺与技法。从如何挑选材料与工具，到简单的基础结，再到稍微复杂一些的变化结，进而到能编制出漂亮完整结体的组合结，手把手教学，由易入难的习作演示，让你逐步成为编织中国结的好手！

C 目 录
ontents

Part1 中国结基础知识

中国结结绳记事············ 2

中国结的意义············· 3

中国结的类型············· 4

Part2 中国结的技艺

编制材料的准备··········· 6

编制线材的准备··········· 6

配件的准备··············· 7

工具的准备··············· 8

中国结技法··············· 9

穿珠····················· 9

绕线···················· 11

线圈···················· 11

环扣···················· 12

雀头结·················· 12

凤尾结·················· 13

秘鲁结·················· 13

四边菠萝结·············· 14

六边菠萝结·············· 15

双联结·················· 16

双翼双联结·············· 17

单向平结················ 18

双向平结················ 19

单线双钱结·············· 20

双线双钱结·············· 21

金刚结‥‥‥‥‥‥‥‥ 22

蛇结‥‥‥‥‥‥‥‥‥ 23

单线纽扣结‥‥‥‥‥‥ 24

双线纽扣结‥‥‥‥‥‥ 25

圆形玉米结‥‥‥‥‥‥ 26

方形玉米结‥‥‥‥‥‥ 27

两股辫‥‥‥‥‥‥‥‥ 28

三股辫‥‥‥‥‥‥‥‥ 28

四股辫‥‥‥‥‥‥‥‥ 29

八股辫‥‥‥‥‥‥‥‥ 30

左斜卷结‥‥‥‥‥‥‥ 31

右斜卷结‥‥‥‥‥‥‥ 31

七宝结‥‥‥‥‥‥‥‥ 32

万字结‥‥‥‥‥‥‥‥ 33

十字结‥‥‥‥‥‥‥‥ 33

藻井结‥‥‥‥‥‥‥‥ 34

锁结‥‥‥‥‥‥‥‥‥ 35

轮结‥‥‥‥‥‥‥‥‥ 36

绶带结‥‥‥‥‥‥‥‥ 37

双环结‥‥‥‥‥‥‥‥ 38

龟结‥‥‥‥‥‥‥‥‥ 39

袈裟结‥‥‥‥‥‥‥‥ 39

双耳酢浆草结‥‥‥‥‥ 40

三耳酢浆草结‥‥‥‥‥ 41

一字盘长结‥‥‥‥‥‥ 42

二回盘长结‥‥‥‥‥‥ 43

四耳吉祥结‥‥‥‥‥‥ 45

六耳吉祥结‥‥‥‥‥‥ 46

六耳团锦结‥‥‥‥‥‥ 47

空心八耳团锦结‥‥‥‥ 48

磐结‥‥‥‥‥‥‥‥‥ 49

复翼一字盘长结‥‥‥‥ 51

复翼盘长结‥‥‥‥‥‥ 54

叠翼盘长结‥‥‥‥‥‥ 57

酢浆草盘长结‥‥‥‥‥ 60

酢浆草蝴蝶结‥‥‥‥‥ 62

同心结‥‥‥‥‥‥‥‥ 63

法轮结‥‥‥‥‥‥‥‥ 65

Part3 中国结习作演练

白玉‥‥‥‥‥‥‥‥‥ 68

五彩光环‥‥‥‥‥‥‥ 70

缠缠绵绵‥‥‥‥‥‥‥ 72

返璞归真‥‥‥‥‥‥‥ 74

禅意丝丝‥‥‥‥‥‥‥ 76

彩珠‥‥‥‥‥‥‥‥‥ 78

缘分‥‥‥‥‥‥‥‥‥ 80

安平 ·········· 82

百步 ·········· 84

小玉象 ·········· 86

枝芽蔓藤 ·········· 88

叮铃铃 ·········· 90

属意 ·········· 93

富贵金丝 ·········· 95

芳华如初 ·········· 97

Part4 中国结的日常运用

家庭装饰 ·········· 101

青丝 ·········· 102

嬉戏 ·········· 105

金色莲华 ·········· 108

团聚 ·········· 111

月牙 ·········· 115

谨言 ·········· 118

国色天香 ·········· 121

平安是福 ·········· 123

财源滚滚 ·········· 125

岁月痕迹 ·········· 127

巧夺天工 ·········· 129

喜结良缘 ·········· 132

汽车装饰 ·········· 135

佛意 ·········· 136

云游四方 ·········· 138

旺财 ·········· 140

日进斗金 ·········· 142

圣光 ·········· 144

一路平安 ·········· 146

吉祥 ·········· 148

一路顺风 ·········· 151

珠圆玉润 ·········· 154

随身佩戴 ·········· 158

缨红 ·········· 159

深海 ·········· 161

洒脱不羁 ·········· 163

祈福 ·········· 165

神兽 ·········· 167

亲吻鱼 ·········· 169

雅素 ·········· 171

热情 ·········· 174

白莲 ·········· 177

姻缘 ·········· 179

心意 ·········· 181

Part5 作品欣赏

中国结作品 ·········· 184

Part 1 | 中国结基础知识

中国结
结绳记事

早在旧石器时代末期，也就是周口店山顶洞人文化的遗迹中，便发现有"骨针"的存在。既然有针，那时便也一定有了绳线，故由此推断，当时简单的结绳和缝纫技术应已具雏形。

根据文献《易·系辞》载："上古结绳记事，后世圣人易之以书契"；尔后的郑玄又在《周易注》称："大事大结其绳，小事小结其绳"；即使在战国铜器上所见的数字符号上都还留有结绳的形状。由这些历史资料来看，结绳确实曾被用作辅助记忆的工具，也可说是文字的前身。

中国结是一种汉族特有的手工编织工艺品，它身上所显示的情致与智慧正是汉族古老文明中的一个侧面。是由旧石器时代的缝衣打结，推展至汉朝的仪礼记事，再演变成今日的装饰手艺。周朝人随身的佩戴玉常以中国结为装饰，而战国时代的铜器上也有中国结的图案，延续至清朝，中国结才真正成为流传于民间的艺术。当代多用于装饰室内、亲友间的馈赠礼物及个人的随身饰物。因为其外观对称精致，可以代表汉族悠久的历史，符合中国传统装饰的习俗和审美观念，故命名为中国结。

中国结
的意义

中国结不仅兼具造型、色彩之美，而且皆因其形意而得名，如盘长结、藻井结、双钱结等，体现了中国古代的文化信仰及浓郁的宗教色彩，体现着人们追求真、善、美的良好的愿望。

梁武帝诗有"腰间双绮带，梦为同心结"。宋代诗人林逋有"君泪盈，妾泪盈，罗带同心结未成，江头潮已平"的诗句。一为相思，一为别情，都是借"结"来表达情意。屈原在《楚辞·九章·哀郢》中写到："心圭结而不解兮，思蹇产而不释。"作者用"圭而不解"的诗句来表达自己对祖国命运的忧虑和牵挂。古汉诗中亦有：著以长相思，缘以结不解。以胶投漆中，谁能离别此。其中用"结不解"和胶漆相融来形容感情的深厚，可谓是恰到好处。

由此可见，每个结饰都含有特别的寓意，被赋予了更多色彩和造型之后的中国结饰品所包含的意义、对美好事物的祈愿、对亲友的纪念和怀念之情，都使原本简单的饰品变得不凡。

中国结的类型

项 链

手 链

头 饰

腰 饰

中国结的类型从使用的角度来看可以分为佩戴在人身上的饰品及悬挂在物件上的配饰两种。具体可以划分为：头饰、项链、手链、腰饰、脚链和扇坠、手机挂饰、车挂、背包挂饰、剑穗、乐器挂饰、家居挂饰。

脚 链

扇 坠

手机挂饰

车 挂

背包挂饰

剑 穗

乐器挂饰

家居挂饰

Part 2　中国结的技艺

编制线材的准备

◈ 股线

◈ 韩国丝6、7号线

编制材料的准备

◈ 麻绳

◈ 蜡绳

◈ 皮绳

◈ 芊绵线

◈ 五彩线

◈ 棉绳

◈ 珠宝线、玉线

配件的准备

　　一件好的中国结作品，往往是结饰与配件的完美结合。为结饰表面镶嵌圆珠、管珠，或是选用各种玉石、陶瓷等饰物作坠子，如果选配得宜，就如花红绿叶，相得益彰了。

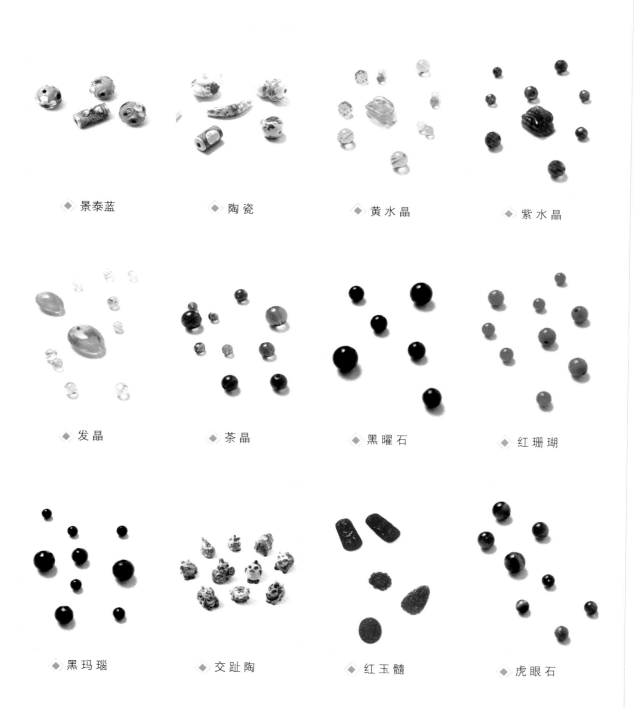

◆ 景泰蓝　　◆ 陶瓷　　◆ 黄水晶　　◆ 紫水晶

◆ 发晶　　◆ 茶晶　　◆ 黑曜石　　◆ 红珊瑚

◆ 黑玛瑙　　◆ 交趾陶　　◆ 红玉髓　　◆ 虎眼石

工具的准备

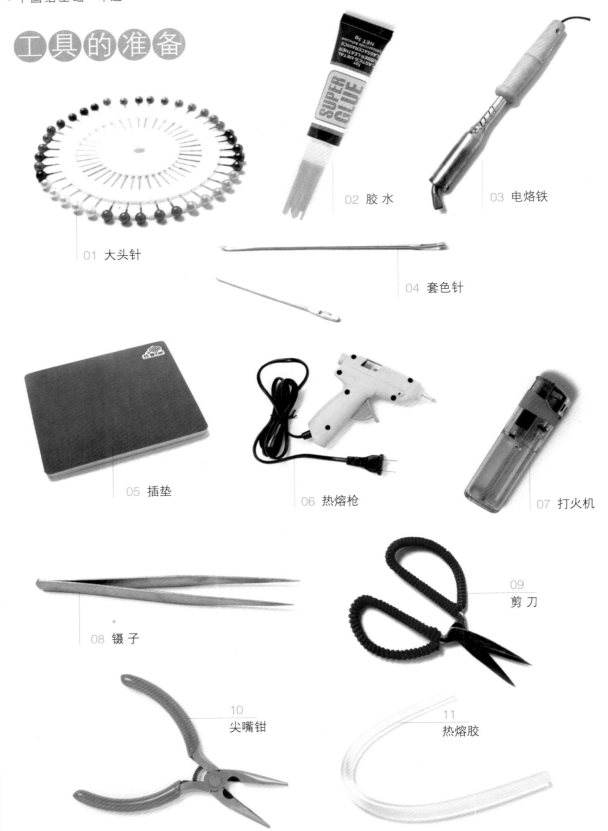

01 大头针

02 胶 水

03 电烙铁

04 套色针

05 插垫

06 热熔枪

07 打火机

08 镊 子

09 剪 刀

10 尖嘴钳

11 热熔胶

中国结
技法

穿珠

1. 如图，准备两条线。

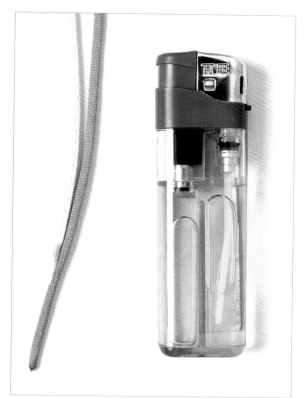

2. 用打火机将蓝色线的一端略烧几秒，待线头烧熔时，将这条线贴在橘色线的外面，并迅速用指头将烧熔处稍稍按压，使两条线粘在一起。

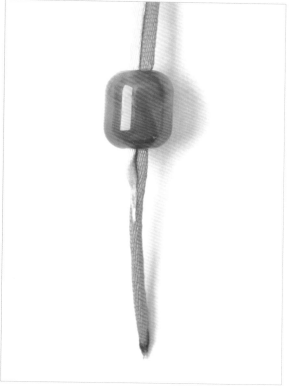

3. 先用橘色线穿过珠子，然后，将蓝色线也顺利地穿过珠子。

多条线穿同一颗珠子

1. 先用其中的一条线穿过一颗珠子。

2. 然后，再穿第二条线。

3. 将第三条线夹在之前穿过的两条线之间，然后稍一拖动，第三条线就拖入珠子的孔中了。

4. 用同样的方法使其余的线穿过珠子。

5. 最后，将所有的线合在一起打一个单结。

6. 线尾保留所需的长度，然后，将多余的线剪掉。

绕线

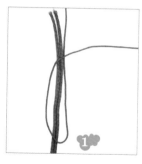

1. 以一条或数条绳为中心线，取一条细线对折，放在中心线的上方。
2. 将细线a段如图围绕中心线反复绕圈。
3. 将细线a段如图穿过对折端留出的小圈。
4. 轻轻拉动细线b段，将细线a段拖入圈中固定。
5. 剪掉细线两端多余的线头，用打火机将线头略烧熔后，按压即可。

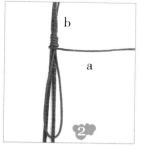

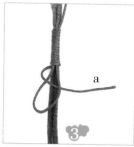

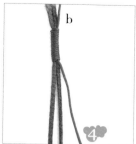

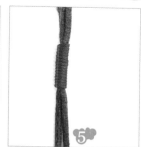

线圈

1. 将一段细线折成一长一短，放在一条丝线的上面。

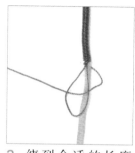

2. 用较长的一段线缠绕丝线数圈。

3. 绕到合适的长度时，用较长的线段穿过线圈。

4. 向上拉紧较短的线段。

5. 把多余的细线剪掉，将绕了细线的丝线两端用打火机或电烙铁略烫后，对接起来即可。

环扣

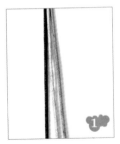

1. 准备三条线。
2. 用这三条线编一段三股辫，然后将三股辫弯成圈状。
3. 两侧各取一条线，如图用左边的线在中心线的上方编结，用右边的线在中心线的下方编结。
4. 均匀用力将两侧的两条线拉紧。
5. 如图，用右边的线在中心线的上方编结，用左边的线在中心线的下方编结。
6. 拉紧两条线即可。

雀头结

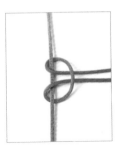

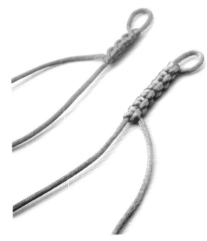

1. 准备两条线，红色线以棕色线为中心线做一个圈。

2. 红色线如图再绕一个圈。

3. 拉紧红色线，由此完成一个雀头结。

4. 将红色线的一端拉向上方，另一端如图绕一个圈。

5. 拉紧红色线。

6. 红色线依照步骤2，再绕一个圈。

7. 拉紧红色线，由此又完成一个雀头结。

8. 重复4～7的步骤，即可形成连续的雀头结。

凤尾结

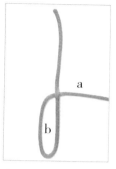 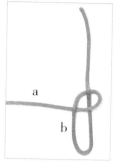 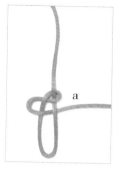

1. 准备一条线，如图用 a、b 段绕出一个圈。

2. a 段以压、挑的方式，向左穿过线圈。

3. a 段如图做压、挑，向右穿过线圈。

  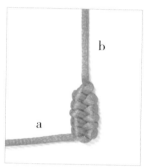

4. 重复 2 的步骤。

5. 编结时，按住结体，拉紧 a 段。

6. 重复前面的步骤编结。

7. 最后向上收紧 b 段，把多余的 a 段剪掉，用打火机略烧后，按平即可。

秘鲁结

  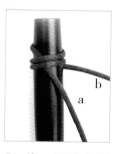  

1. 准备一条线。

2. 将线如图绕棍状物一圈。

3. 将 a 段贴在棍状物上作轴，用 b 段绕 a 段一圈或数圈。

4. 将 b 段从前面做好的两个圈的中间及 a 段下面穿过，拉紧即可。

四边菠萝结

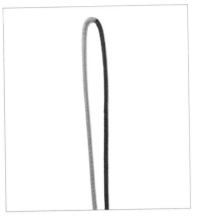

1. 线对折。

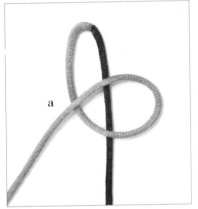

2. 将 a 以逆时针方向绕出右圈。

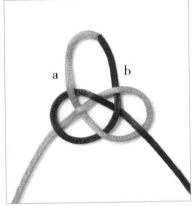

3. 将 b 以顺时针方向绕出左圈。

4. 将 b 线跟着原线再穿一次。

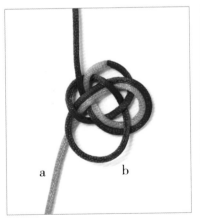

5. 继续沿着原线穿。

6. 形成一个双线双钱结

7. 把双钱结向上轻轻推拉，即可做成一个四边菠萝结。

六边菠萝结

 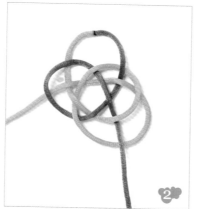 

1. 先做一个双钱结（图 1）。

2. 如图走线，在双钱结的基础上做成一个六耳双钱结，注意线挑、压的方法（图 2～图 4）。

3. 用其中的一条线跟着六耳双钱结的走线再走一次（图 5～图 7）。

4. 将结体推拉成圆环状，即为六边菠萝结（图 8）。

双联结

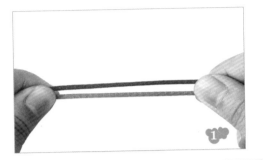

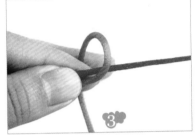

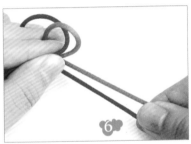

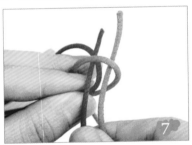

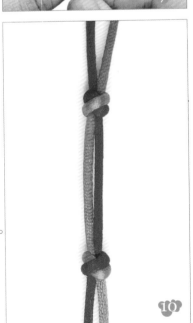

1. 如图，将一条红色线和一条橘色线平行摆放。
2. 用橘色线如图绕一个圈。
3. 将步骤2中做好的圈如图夹在左手的食指和中指之间固定。
4. 用红色线如图绕一个圈。
5. 将步骤4中做好的圈如图夹在左手的中指和无名指之间固定。
6. 用右手捏住橘色线和红色线的线尾。
7. 将线尾如图穿入前面做好的两个圈中。
8. 如图，拉紧两条线的两端。
9. 收紧线，调整好结体。
10. 用同样的方法可编出连续的双联结。

双翼双联结

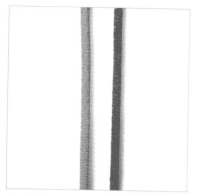

1. 准备两条线。

2. 如图，将橘色线按顺时针方向绕一个圈。

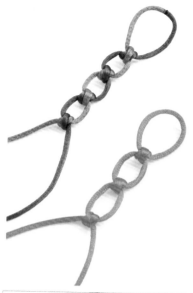

3. 如图，将红色线穿入橘色线形成的圈中。

4. 如图，将红色线按逆时针方向绕一个圈。

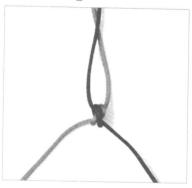

5. 拉紧两条线的两端，调整好结体，由此完成一个双翼双联结。此为双翼双联结的一面。

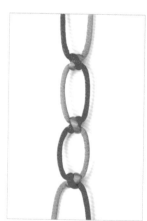

6. 此为双翼双联结的另一面。

7. 按照 2 ~ 4 的步骤，再完成一个双翼双联结。

8. 拉紧线的两端，调整好双联结之间的长度。

9. 重复前面的步骤即可编出连续的双翼双联结。

单向平结

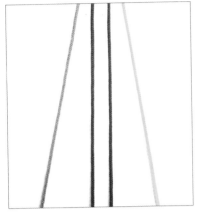

1. 准备四条线，以两条红色线为中心线，置于其他两条线中间。

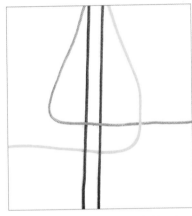

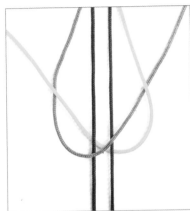

2. 如图，将左侧的线放在中心线的上面、右侧的线的下面。

3. 右侧的线从中心线的下面穿过，拉向左侧。

4. 将右侧的线从左侧形成的圈中穿出。

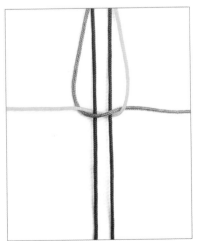

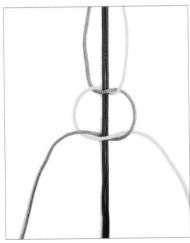

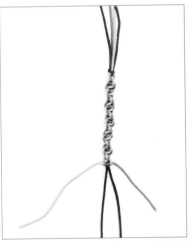

5. 拉紧左右两侧的线。

6. 重复 2～5 的步骤。

7. 重复 2～6 的步骤，即可形成连续的左上单向平结。

双向平结

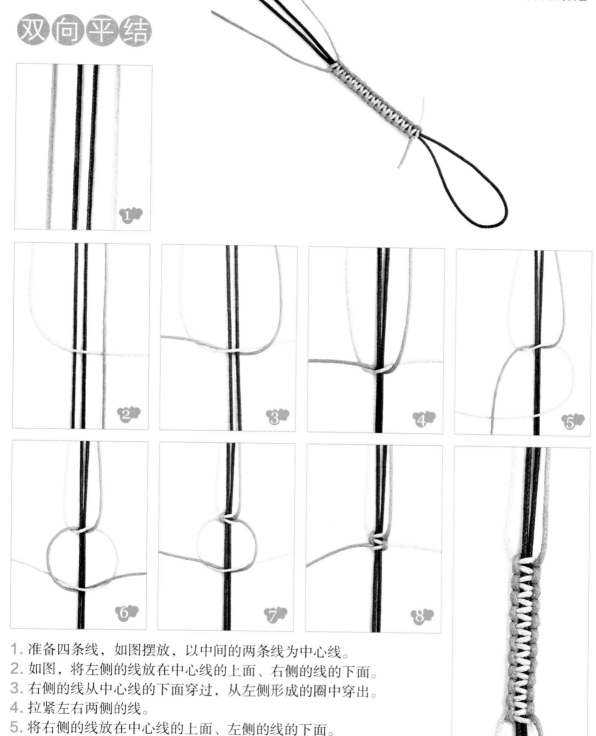

1. 准备四条线，如图摆放，以中间的两条线为中心线。
2. 如图，将左侧的线放在中心线的上面、右侧的线的下面。
3. 右侧的线从中心线的下面穿过，从左侧形成的圈中穿出。
4. 拉紧左右两侧的线。
5. 将右侧的线放在中心线的上面、左侧的线的下面。
6. 左侧的线从中心线的下面穿过，从右侧形成的圈中穿出。
7. 拉紧左右两侧的线，由此形成一个左上双向平结。然后依照 2 ~ 3 的步骤编结。
8. 拉紧左右两侧的线。
9. 重复编结，编至所需的长度即可。

单线双钱结

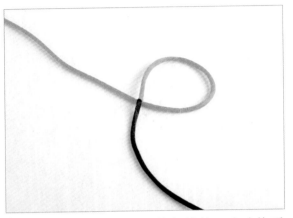

1. 用打火机将蓝色线和黄色线的一头略烧后对接成一条线，单线揪出一个圈，将蓝线交叉叠在黄线上。

2. 蓝线向后绕出一个圈，搭在另一端上，然后穿过黄线下面。

3. 蓝线从两个圈中压着蓝线，挑起黄线。

4. 慢慢拉出如图的形状。

5. 拉紧，完成单线双钱结。

双线双钱结

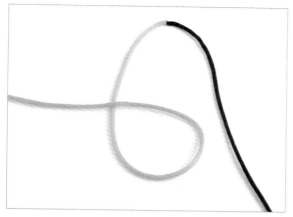

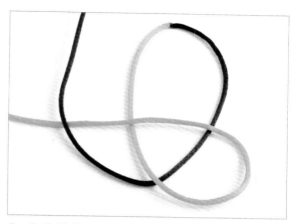

1. 用打火机将蓝色线和黄色线的一头略烧后对接成一条线，摆放好线，两头下垂，将左边黄线逆时针绕一个圈，下部搭在上部上。

2. 蓝线从黄线圈下面穿过，然后搭在黄线线头那一端上面。

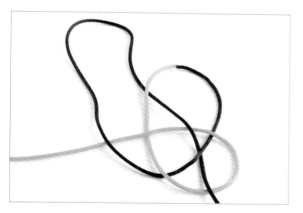

3. 挑起靠近蓝线线头的第一、三条线，压第二、四条线，然后从下面穿过。

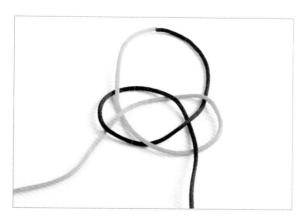

4. 慢慢拉出如图的形状。

5. 拉紧，完成双线双钱结。

金刚结

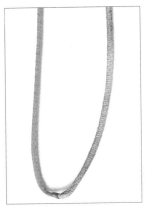

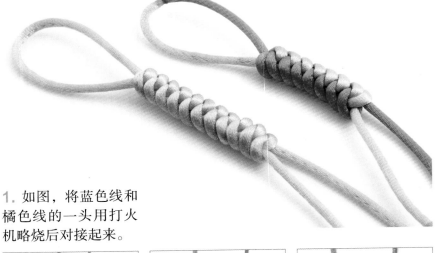

1. 如图，将蓝色线和橘色线的一头用打火机略烧后对接起来。

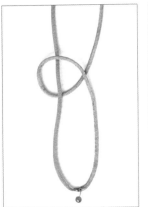

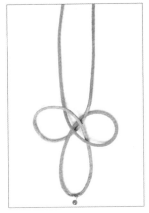

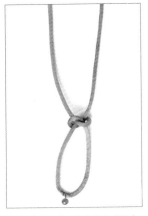

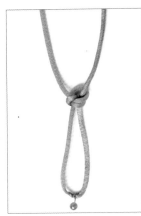

2. 将线从交接处对折后用大头针定位，用蓝色线如图绕一个圈。

3. 用橘色线如图绕一个圈，然后从蓝色线形成的圈中穿出来。

4. 将蓝色的圈和橘色的圈收小。

5. 将橘色线如图穿入蓝色的圈中。

6. 将蓝色线如图穿入橘色的圈中。

7. 将前面形成的结体翻转过来并用大头针定位，再将橘色线如图穿入蓝色的圈中。

8. 将蓝色线如图穿入橘色的圈中。

9. 重复前面的步骤，编至合适的长度即可。

蛇结

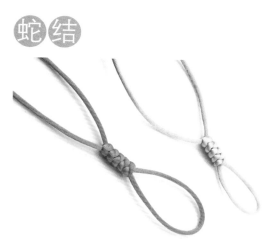

1. 准备一条线，将这条线对折，分 a、b 两段线，用左手捏住对折的一端。

2. b 段如图绕过 a 段形成一个圈，将这个圈夹在左手食指与中指之间。

3. a 段如图从 b 段的下方穿过。

4. a 段如图穿过步骤 2 中形成的圈。

5. a 段同样形成了一个圈。

6. 拉紧线的两端即可形成一个蛇结。

7. 重复 2 ~ 5 的步骤。

8. 拉紧两条线，由此再形成一个蛇结。

9. 重复上面的步骤，即可编出连续的蛇结。

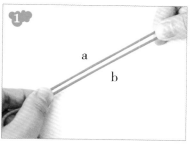

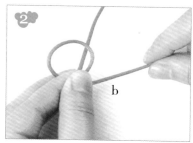

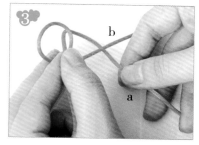

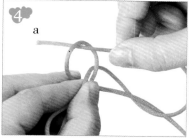

单线纽扣结

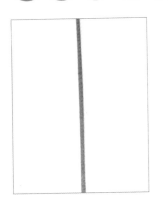

1. 准备一条线。

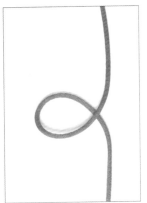

2. 用这条线按逆时针方向绕一个圈。

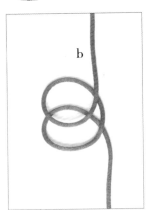

3. 如图，用这条线再绕一个圈，叠放在步骤 2 中形成的圈的上面。

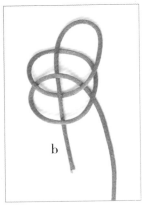

4. b 段如图做挑、压，从中心的小圈中穿出来。

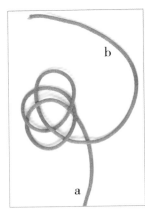

5. b 段如图压住 a 段的线，然后拉向右方。

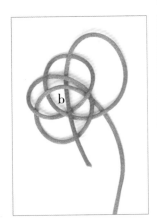

6. b 段如图挑、压，穿过中心的小圈。

7. 轻轻拉动线的两端。

8. 按照线的走向将结体调整好，即可完成单线纽扣结。

双线纽扣结

1. 准备一条线。

2. 如图，用这条线在左手食指上面绕一个圈。

3. 如图，用这条线在左手大拇指上面绕一个圈。

4. 取出大拇指上面的圈。

5. 将取出的圈如图翻转，然后盖在左手食指的线的上方。

6. 用左手的大拇指压住取下的圈。

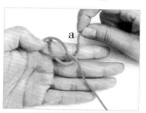

7. 用右手将 a 段拉向上方。

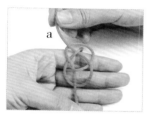

8. a 段如图挑、压，从圈中间的线的下方穿过。

9. 轻轻拉动 a、b 段。

10. 将结体稍微缩小，由此形成一个立体的双线结。

11. 从食指上取出步骤 10 中做好的双线结，结形呈现出"小花篮"的形状。

12. 将其中的一段线如图按顺时针的方向绕过"小花篮"右侧的"提手"，然后朝下穿过"小花篮"的中心。

13. 将另外的一段线如图按顺时针的方向绕过"小花篮"左侧的"提手"，然后朝下穿过"小花篮"的中心。

14. 拉紧两端的线，根据线的走向将结体调整好。

15. 这样就做好了一个双线纽扣结。

圆形玉米结

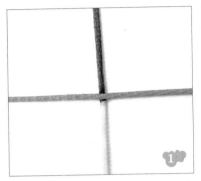

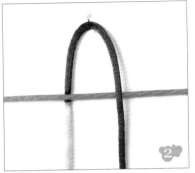

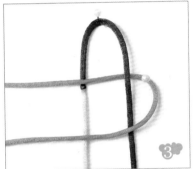

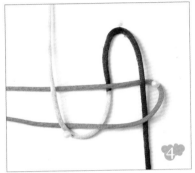

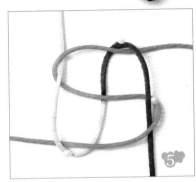

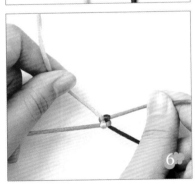

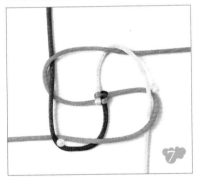

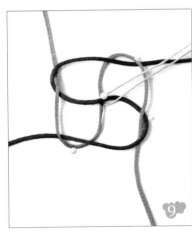

1. 用打火机将红色线和蓝色线的一头略烧后，对接成一条线。另取一条橘色线，如图呈十字交叉叠放。

2. 如图，将红蓝对接形成的线对折，用大头针定位，并将橘色线放在红色线的上面。

3. 将橘色线放在蓝色线的上面，用大头针定位。

4. 将蓝色线放在两段橘色线的上面，用大头针定位。

5. 将橘色线如图压、挑，然后，穿过红色线形成的圈。

6. 取出大头针，均匀用力拉紧四个方向的线。

7. 如图，将四个方向的线按顺时针的方向挑、压。

8. 重复编结，即可形成圆形玉米结。

9. 若需加入中心线，则四个方向的线绕着中心线用同样的方法编结即可。

方形玉米结

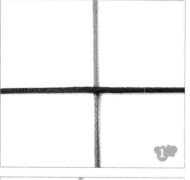

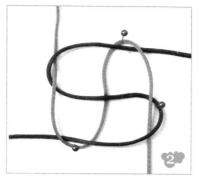

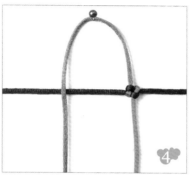

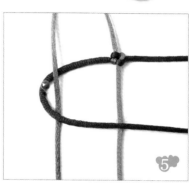

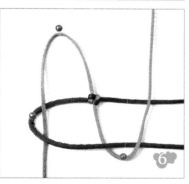

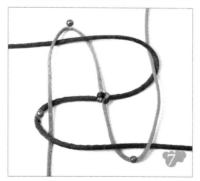

1. 用打火机将棕色线与橘色线的一头略烧后对接成一条线，另取一条红色线，如图呈十字交叉叠放。
2. 如图，将四个方向的线按顺时针方向挑、压。
3. 均匀用力拉紧四个方向的线。
4. 如图，将棕色线放在红色线的上面，用大头针定位。
5. 如图，将红色线放在橘色线的上面，用大头针定位。
6. 如图，将橘色线放在红色线的上面，用大头针定位。
7. 将红色线如图压、挑，穿过棕色线形成的圈。
8. 取出大头针，均匀用力拉紧四个方向的线。
9. 重复2～8的步骤，即可形成方形玉米结。

1. 准备一条线。

2. 取这条线的中心点，用手捏住中心线两端的线，朝一个方向拧。

3. 如图自然形成一个圈。

4. 继续将两条线朝同一个方向拧。

5. 如图自然形成一段漂亮的两股辫。

6. 将两股辫拧至合适的长度，用尾线在两股辫的下端打一个单结，以防止两股辫松散即可。

1. 准备三条线，用其中的一条线包住其余的两条线打一个单结，以固定三条线。

2. 如图，将最左侧的线引入右边两条线之间。

3. 如图，将最右侧的线引入左边两条线之间。

4. 重复步骤 2 的动作。

5. 拉紧三条线，重复步骤 3 的动作。

6. 将三股辫编至合适的长度，用其中的一条线包住其余两条线，编一个单结，以防止三股辫松散即可。

四股辫

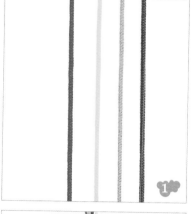

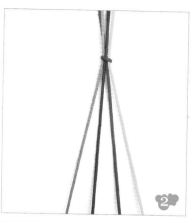

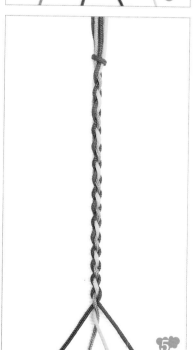

1. 准备四条线。

2. 用其中的一条线包住其他的三条线打一个单结，以固定四条线。

3. 如图，用红色线以左线下、右线上的方式交叉。

4. 如图，用黄色线在第一个交叉的下面，以左线上、右线下的方式交叉，并用大头针定位四条线。

5. 重复 3、4 的步骤，边编边把线收紧。

6. 编至合适的长度，用一条线包住其余三条线打一个单结，以防止四股辫松散即可。

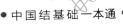

八股辫

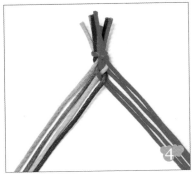

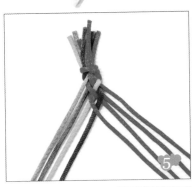

1. 准备八条线，平均分为两组，用其中的一条线如图编一个单结。

2. 用最左侧的线如图从后往前压着右边的两条线。

3. 用最右侧的线如图从后往前压着左边的两条线，与原最左侧线在中间做一个交叉。

4. 重复步骤 2 的动作。

5. 重复步骤 3 的动作。

6. 拉紧线，重复步骤 2 的动作。

7. 重复步骤 3 的动作。

8. 重复编结，一边编结一边拉紧线。

9. 编八股辫至合适的长度，用一条线包着其他的线编一个单结，以防止八股辫松散即可。

左斜卷结

1. 准备两条线。

2. 以红色线为中心线，橘色线如图在中心线的上面绕一个圈。

3. 拉紧两条线。

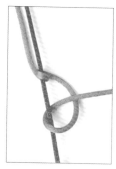

4. 橘色线如图在中心线的上面再绕一个圈。

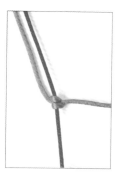

5. 再次拉紧两条线，由此完成一个左斜卷结。

6. 橘色线如图绕一个圈。

7. 拉紧两条线。

8. 橘色线如图再次绕一个圈。

9. 拉紧两条线，由此又完成一个左斜卷结。

右斜卷结

1. 准备两条线。

2. 以红色线为中心线，橘色线如图在中心线的上面绕一个圈。

3. 拉紧两条线。

4. 橘色线如图在中心线的上面再绕一个圈。

5. 拉紧两条线，由此完成一个右斜卷结。

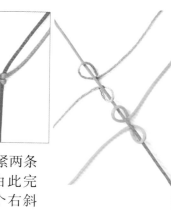

七宝结

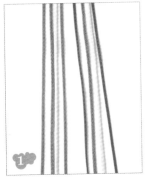

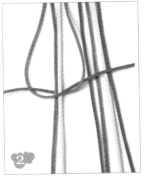

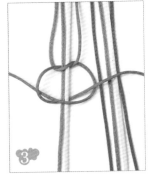

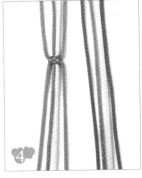

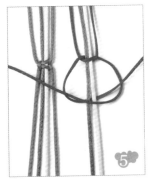

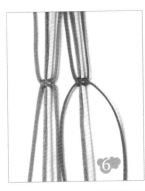

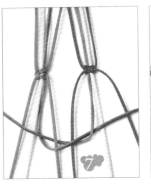

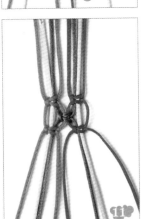

1. 准备八条线，如图平均分成左右两组。
2. 如图，用左边的一组线编一次平结。
3. 如图，用左边的一组线再编一次平结。
4. 拉紧两条线，如图完成一个左上双向平结。
5. 用右边的一组线编一个左上双向平结。
6. 拉紧两条线。
7. 如图，以中间的四条线为一组，编一次平结。
8. 如图再编一次平结。
9. 拉紧两条线，如图完成一个左上双向平结。
10. 用左边的一组线再编一个左上双向平结。
11. 用右边的一组线再编一个左上双向平结。
12. 重复前面的步骤，即可形成七宝结。

万字结

1. 准备一条线并对折，用大头针定位。

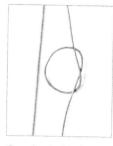

2. 右边的线按顺时针方向绕一个圈。

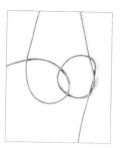

3. 左边的线如图穿过右边形成的圈。

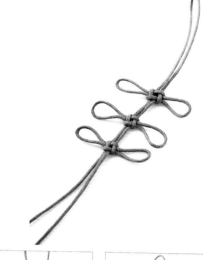

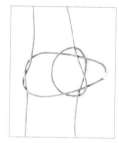

4. 左边的线按逆时针方向绕一个圈。

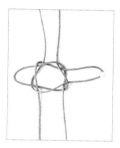

5. 如图，将左边的圈从右边的圈中拉出来。

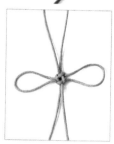

6. 如图，将右边的圈从左边的圈中拉出来。

7. 拉紧左右的两个耳翼。由此完成一个万字结。

8. 重复 2～7 的步骤，即可编出连续的万字结。

十字结

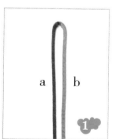

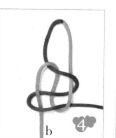

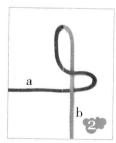

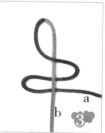

1. 用打火机将红色线和橘色线的一头略烧后对接成一条线，将此条线对折。

2. a 段如图压挑 b 段，绕出右圈。

3. a 段在 b 段下方再绕出左圈。

4. b 段如图压挑左右圈，穿出左圈。

5. 拉紧线，完成一个十字结。

6. 重复前面的步骤编结，即可编出连续的十字结。

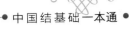

藻井结

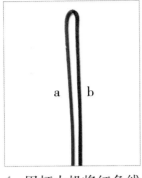

1. 用打火机将红色线和绿色线的一头略烧后对接成一条线，将此线对折。

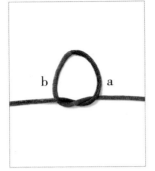

2. 将 a、b 两段打一个松松的结。

3. 在下面再连续打三个结。

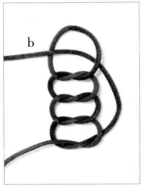

4. b 段向上穿过上面的一个圈。

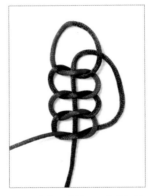

5. 再向下从四个结的中间穿过。

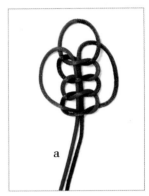

6. a 段同样从四个结的中间穿向下。

7. 最下面的左圈从前面往上翻，最下面的右圈从后面往上翻。

8. 把上面的线收紧，留出下面的两个圈。

9. 最下面的左圈和最下面的右圈仿照步骤7的方法如图向上翻。

10. 收紧结体。

锁 结

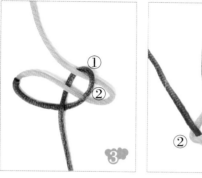
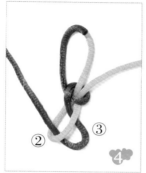

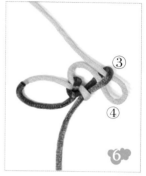

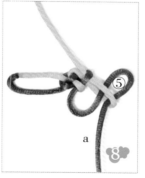
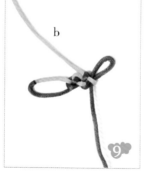

1. 将红色线和黄色线的一头用打火机略烧后对接起来。

2. 用红色线绕出圈①。

3. 用黄色线绕出圈②，进到前面做好的圈①中。

4. 拉紧红色线，然后用红色线做圈③，进到圈②中。

5. 拉紧黄色线。

6. 用黄色线做圈④，进到圈③中。

7. 拉紧 a 段线。

8. 用 a 段线做圈⑤，进到圈④中。

9. 拉紧 b 段线。

10. 重复编结，编至合适的长度。

11. 最后将 b 线穿入最后一个圈中。

12. 拉紧 a 线即可。

轮结

1. 如图，将橘色线对折作为中心线并用大头针定位，将红色线绕着中心线编一个单结。

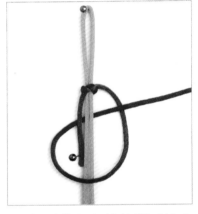

2. 拉紧单结。

3. 如图将红色线按顺时针方向绕着中心线及线头一圈，然后如图穿出。

4. 向右拉紧红色线。

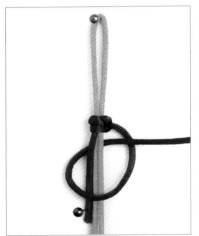

5. 重复步骤 3 的动作。

6. 向右拉紧红色线。

7. 重复编结，即可编出螺旋状的轮结。

绶带结

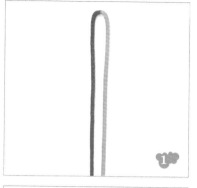

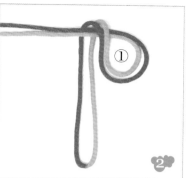

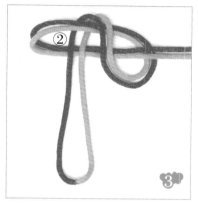

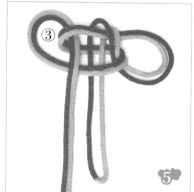

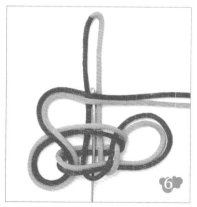

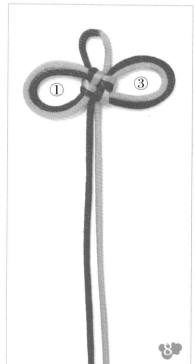

1. 用打火机将红色线和黄色线的一头略烧后对接成一条线，将此线对折。

2. 线如图在右边绕出圈①。

3. 线在左边绕出圈②，然后穿过圈①。

4. 线拉向左。

5. 绕出圈③，然后穿过圈②。

6. 钩子如图做挑、压，从中间伸过去，钩住两条线。

7. 把线从中间的洞中拉向下。

8. 分别向两侧拉出圈①和圈③作耳翼，收紧线，调整成形。

双环结

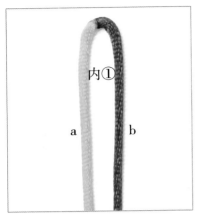

1. 用打火机将红色线和黄色线的一头略烧后对接成一条线，将，a、b对折，形成内①。

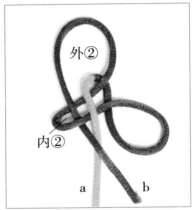

2. b线如图走线，做出内②和外①。

3. b线穿过内②，形成外②，然后压a线。

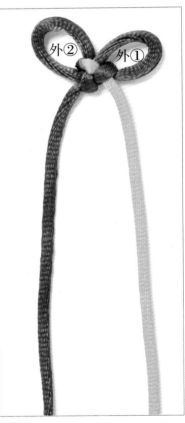

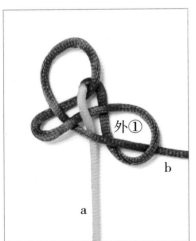

4. b线再穿过外①。

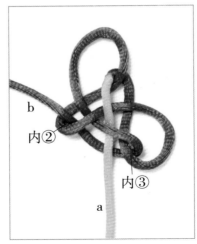

5. b线挑a线，从内②中穿出，形成内③。

6. 收紧a、b，调整好外①和外②这两个圈的大小。

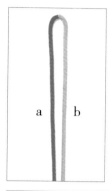 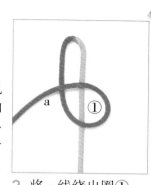 

1. 用打火机将红色线和黄色线的一头略烧后对接成一条线，将此线对折。

2. 将 a 线绕出圈①。

 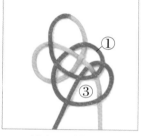 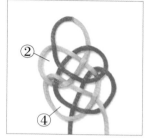 

3. 将 b 线绕出圈②。

4. a 线如图做挑、压，压圈①，做出圈③。

5. b 线如图做挑、压，挑圈②，做出圈④。

6. 把结体调整好即可。

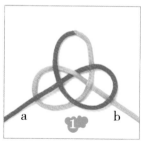 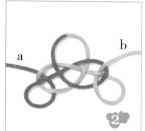 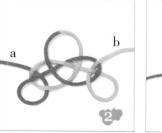

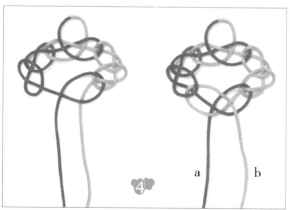  

1. 与龟结的步骤相仿，先用 a、b 线做一个双钱结。

2. a、b 线分别在双钱结左右两个耳翼上挂圈。

3. a、b 线如图分别向两边做挑压。

4. a、b 线仿照步骤 1 的步骤走线，组合完成一个双钱结。

5. 调整好结体。

双耳酢浆草结

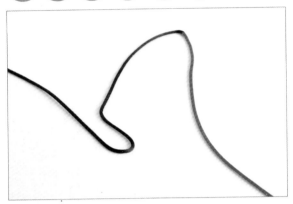

1. 用打火机将红色线和蓝色线的一头略烧后对接成一条线，摆放好线，将蓝线向左揪出一个耳翼。

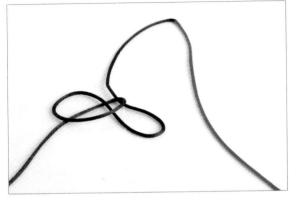

2. 蓝线反方向做出同样的耳翼，然后，用蓝线线头端从上绕过第一个耳翼再从下面穿出。

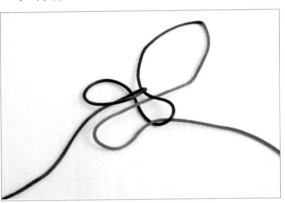

3. 红线揪出一个耳翼插进蓝线右边的圈里。

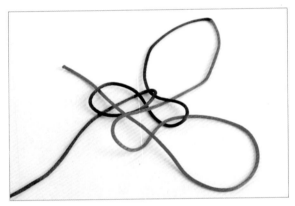

4. 红线线头按压红线，挑红线，压蓝线2次，挑蓝线的顺序分别穿过红线耳翼和蓝线左边的圈。

5. 红线再从蓝线线头端下面穿过，然后，从下面穿进红线耳翼。

6. 拉紧成结，调整好耳翼大小。

三耳酢浆草结

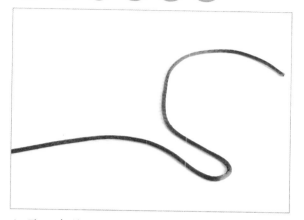

1. 取一条线，上端做出一个耳翼。

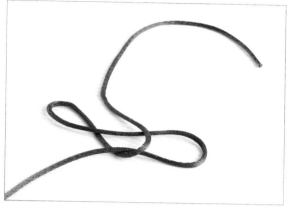

2. 然后将线穿过耳翼下面，然后，穿出做出第二个耳翼，线在上方。

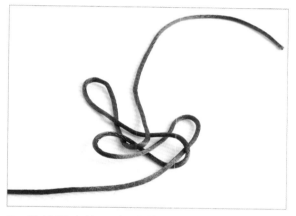

3. 继续揪出第三个耳翼，然后，插进第二个耳翼里面。

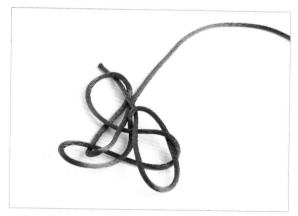

4. 线头从上穿入第三个耳翼和左上方线圈。

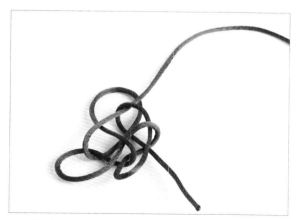

5. 线头再从下面绕过所有线，从第三个耳翼右边的线上面穿出来。

6. 拉紧成结。

一字盘长结

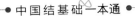

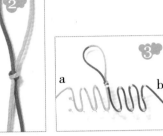

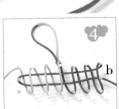

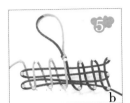

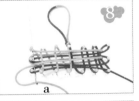

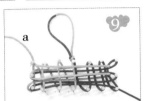

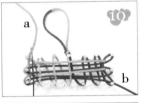

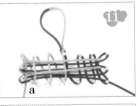

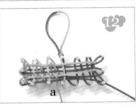

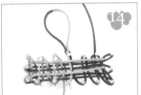

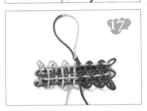

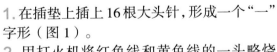

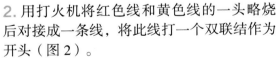

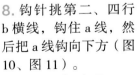

1. 在插垫上插上16根大头针，形成一个"一"字形（图1）。

2. 用打火机将红色线和黄色线的一头略烧后对接成一条线，将此线打一个双联结作为开头（图2）。

3. a、b如图分别走六行竖线（图3）。

4. b线挑第二、四、六、八、十、十二行竖线，如图一来一回走两行横线（图4）。

5. b线重复步骤4的动作，一来一回再走两行横线（图5）。

6. a线如图一来一回走两行横线（图6、图7）。

7. 钩针挑2线，压1线，挑3线，压1线，挑1线，钩住a线，然后把a线钩向上方（图8、图9）。

8. 钩针挑第二、四行b横线，钩住a线，然后把a线钩向下方（图10、图11）。

9. a线重复步骤7、8的动作，再走四行竖线（图12）。

10. b线仿照a线的走线方法，同样走六行竖线（图13～图16）。

11. 取出结体（图17）。

12. 收紧线，把结体调整好（图18）。

二回盘长结

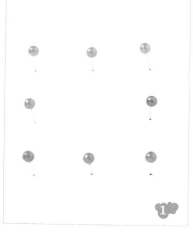

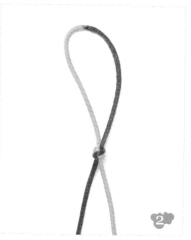

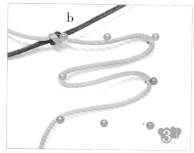

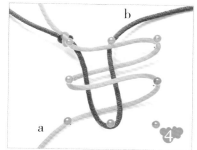

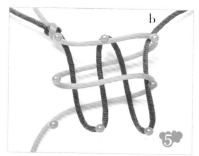

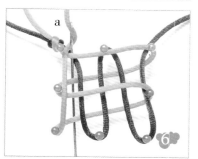

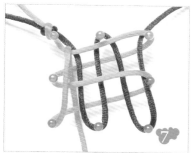

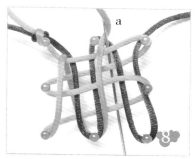

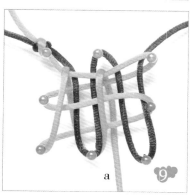

1. 用8根大头针在插垫上插成一个方形（图1）。

2. 用打火机将红色线和黄色线的一头略烧后对接成一条线，将此线打一个双联结作为开头（图2）。

3. 用a线走四行横线（图3）。

4. b线挑第一、三行a横线，走两行竖线（图4）。

5. b线仿照步骤4的方法，再走两行竖线（图5）。

6. 钩针从四行a横线的下面伸过去，钩住a线（图6）。

7. 把a线钩向下（图7）。

8. a线仿照步骤6、7的动作，一来一回走两行竖线（图8、图9）。

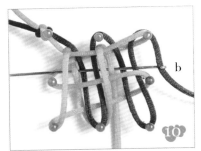

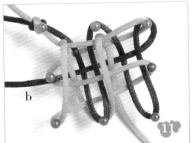

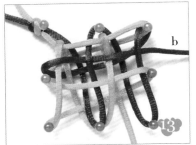

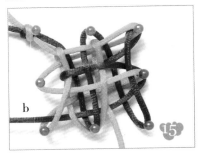

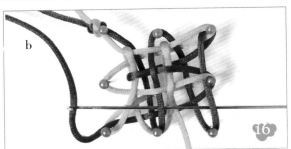

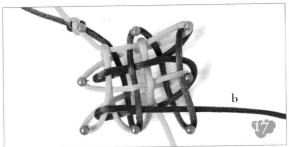

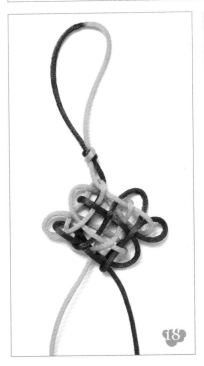

9. 钩针挑2线,压1线,挑3线,压1线,挑1线,钩住b线(图10)(注意:图中的"挑2线,压1线,挑3线,压1线,挑1线",指的是用钩针挑住两条线,然后压住一条线,再挑起三条线,压住一条线,挑起一条线。)。

10. 把b线钩向左(图11)。

11. 钩针挑第二、四行b竖线,钩住b线(图12)。

12. 把b线钩向右(图13)。

13. b线仿照9~13的步骤,一来一回走两行横线(图14~图17)。

14. 从大头针上取出结体(图18)。

15. 确定并拉出六个耳翼,把结体调整好,在下面打一个双联结固定(图19)。

四耳吉祥结

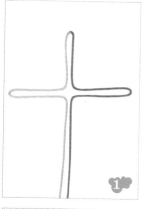

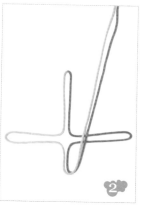

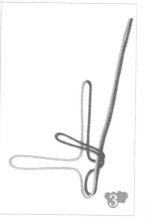

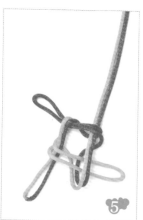

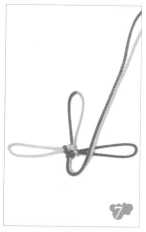

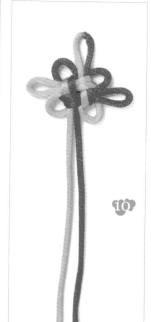

1. 用打火机将红色线和黄色线的一头略烧后对接成一条线，将此线对折摆放好，左右各拉成一个耳翼（图1）。

2. 从线头端开始取一耳翼逆时针方向压着相邻的耳翼（图2～图5）。

3. 拉紧四个方向的线，调整好结体（图6）。

4. 重复步骤2，然后拉紧成结（图7～图9）。

5. 拉出耳翼，调整形状即成（图10）。

六耳吉祥结

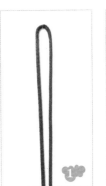

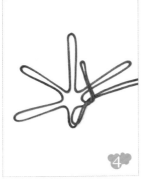

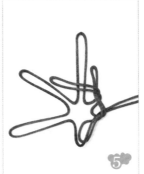

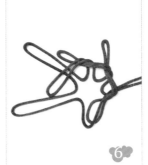

1. 用打火机将红色线和绿色线的一头略烧后对接成一条线（图 1）。

2. 左右各拉成四个耳翼，如图形成六个耳翼（图 2）。

3. 六个耳翼以逆时针方向相互挑压（图 3 ～图 8）。

4. 拉紧结体，将大耳翼留出来（图 9）。

5. 以同样的方法逆时针方向再挑压一次（图 10、图 11）。

6. 将线调紧拉好（图 12）。

7. 将所有的耳翼调整好（图 13）。

六耳团锦结

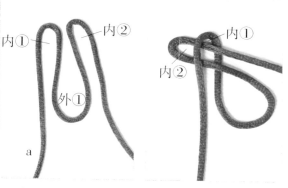

1. 先用 a 线绕出内①和内②，形成外①。

2. 内②进到内①中。

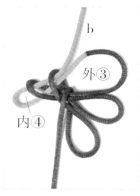

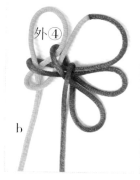

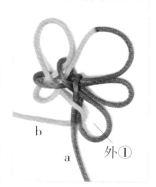

3. 再用a线绕出内③，套进前面做好的内①和内②，形成外②。

4. 用 b 线绕出内④，进到内②和内③中，形成外③。

5. b 线穿过内③和内④，形成外④。

6. b 压 a，再穿过外①。

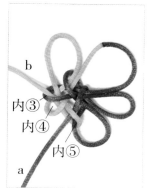

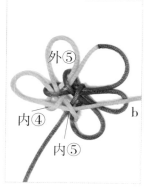

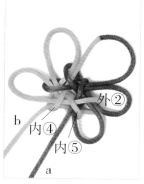

7. b 挑 a，穿过内③和内④，形成内⑤。

8. b 穿过内④和内⑤，形成外⑤。

9. b 压 a，再穿过外②，穿过内⑤、内④。

10. 调整耳翼，收紧内耳，调整好结体。

空心八耳团锦结

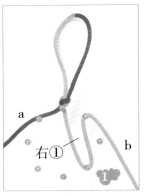

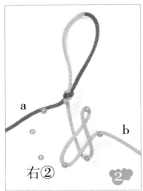

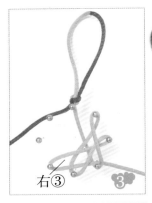

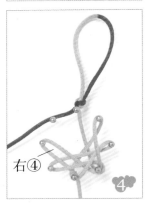

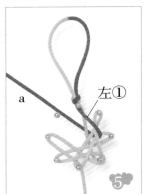

1.先走b线，如图在大头针上绕出右①（图1）。

2.钩出右②（图2）。

3.钩出右③（图3）。

4.钩出右④（图4）。

5.接下来走a线，用钩针如图钩出左①（图5）。

6.钩出左②（图6）。

7.钩出左③（图7、图8）。

8.钩出左④（图9、图10）。

9.从大头针上取出结体，拉出六个耳翼，调整好结体。最后在团锦结的下端打一个双联结，使结形固定（图11）。

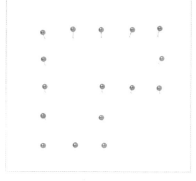

1. 如图所示插好大头针。

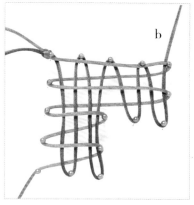

2. 先用一条线打一个双联结，然后用 a 线走四行长线和四行短线。

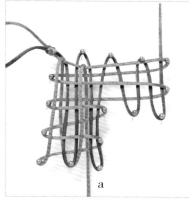

3. b 线仿照 a 线的方法绕四行长线和四行短线，注意挑、压的方法。

4. a 线上下各走四行竖线，包住前面走的八条 a 横线。

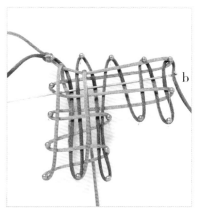

5. 钩针挑 2 线，压 1 线，挑3 线，压 1 线，挑 1 线，压 1 线，挑 1 线，压 1 线，挑 1 线，钩住 b 线。

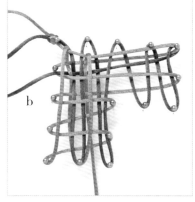

6. 把 b 线钩向左方。

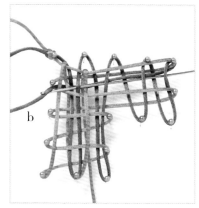

7. 钩针挑第二、四、六、八条 b 竖线，钩住 b 线。

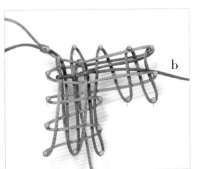

8. 把 b 线钩向右。

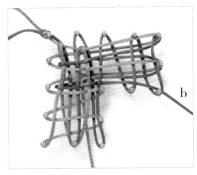

9. b 线仿照步骤 5 ~ 8 的方法，再走两行横线。

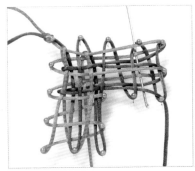

10. 钩针线挑 2 线，压 1 线，挑 3 线，压 1 线，挑 1 线。

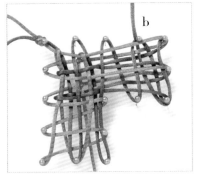

11. 勾住 b 线如图向上走一行竖线。

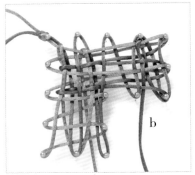

12. b 线挑第二、四行 b 横线，向下走一行竖线。

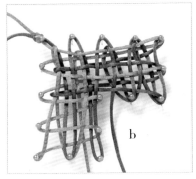

13. b 线仿照步骤 10 ~ 12 的方法，再走两行竖线。

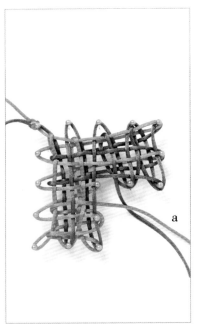

14. a 仿照以上的方法走四行横线。

15. 取出结体。

16. 把线收紧，调整好结体。

复翼一字盘长结

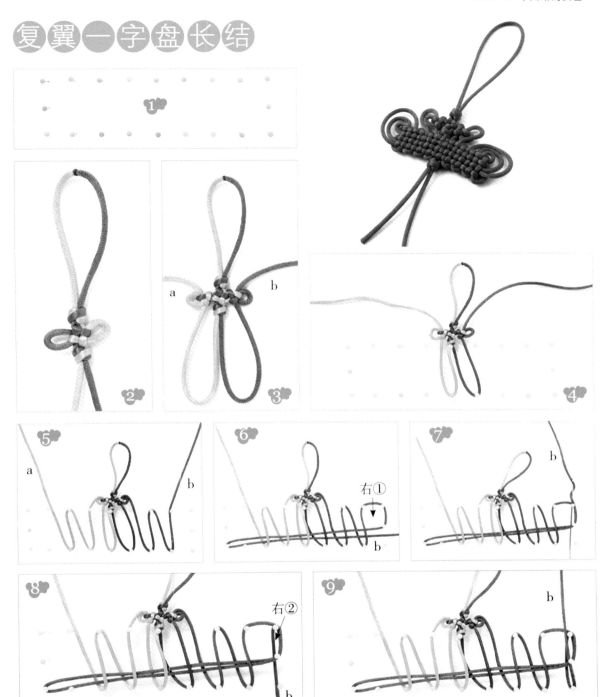

1. 在插垫上插上 20 根大头针，形成一个"一"字形。

2. 用打火机将绿色线和粉色线的一头略烧后对接成一条线，将此线打双联结、酢浆草结、双联结作为开头。

3. 如图用 a、b 线分别打一个双环结，注意分别把双环结下面的耳翼拉出适当的长度。

4. 把双环结下面的两个耳翼挂在大头针上面。

5. 然后，在 a、b 线两边分别走四行竖线。

6. b 线绕出耳翼右①，如图走两行长的横线。

7. 钩针从两行长的横线的下面伸过去，钩住 b 线。

8. 将 b 线钩向下方，如图形成耳翼右②。

9. b 线从下面拉向上。

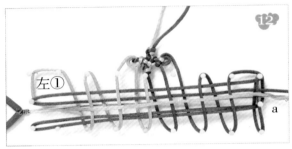

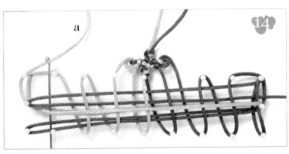

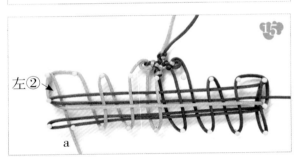

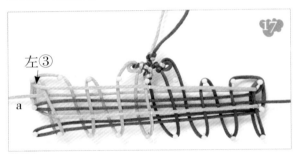

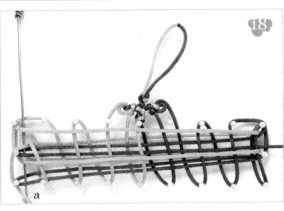

10. 钩针连续做压、挑，钩住 b 线。

11. 将 b 线钩向左方，如图绕出耳翼右③。

12. a 线绕出耳翼左①，钩针从所有竖线的下面伸过去，钩住 a 线。

13. 把 a 线钩向左。

14. 钩针挑3线，压1线，挑2线，然后钩住a线。

15. a 线绕出耳翼左②。

16. a 线如图向上走。

17. a 线绕出耳翼左③，走两行长的横线。

18. 钩针挑2线，压1线，挑3线，压1线，挑1线，钩住a线。

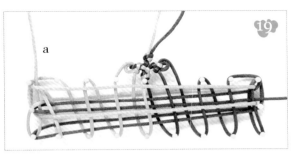

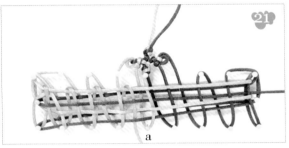

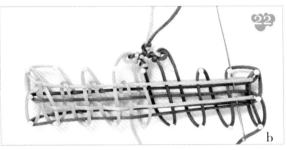

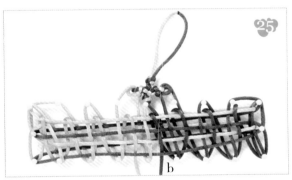

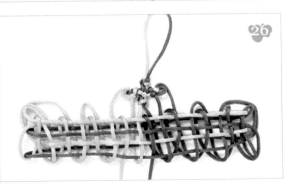

19. 把a线钩向上。

20. a线向下走。

21. a线仿照步骤18～20的方法，走六行竖线。

22. 钩针挑2线，压1线，挑3线，压1线，挑1线，钩住b线。

23. 把b线钩向上。

24. b线向下走。

25. b线仿照步骤22～24的方法，走六行竖线。

26. 从大头针上取出结体。

27. 调整成形。

复翼盘长结

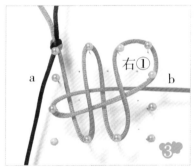

右①

右②

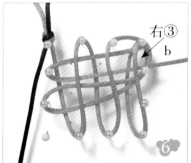

右③

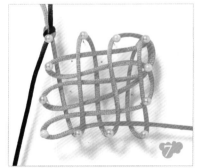

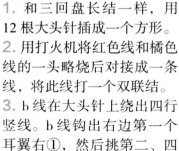

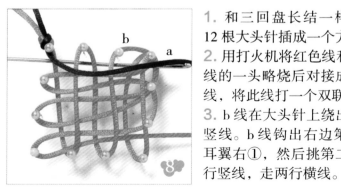

1. 和三回盘长结一样，用12根大头针插成一个方形。

2. 用打火机将红色线和橘色线的一头略烧后对接成一条线，将此线打一个双联结。

3. b线在大头针上绕出四行竖线。b线钩出右边第一个耳翼右①，然后挑第二、四行竖线，走两行横线。

4. b线如图在右边第一个耳翼内绕出第二个耳翼右②。

5. b线走第五、六行竖线。

6. b线挑第二、四、六行b竖线，走两行横线，如图绕出第三个耳翼右③。

7. 仿照步骤7的方法，b线走两行横线。

8. 把a线拉向右，钩针从六行b竖线下面伸过去，钩住a线。

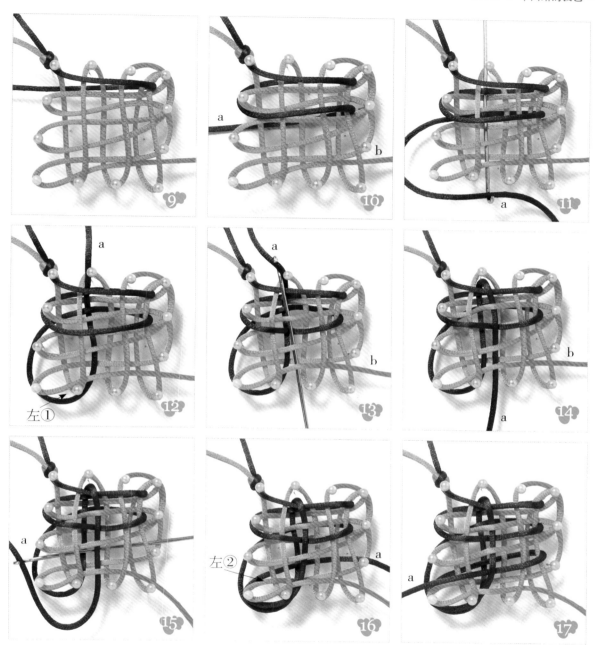

9. 把 a 线从六行 b 竖线的下面钩向左。

10. a 线仿照步骤 9、10 的方法，再做两行横线。

11. 如图，钩针挑 2 线，压 1 线，挑 3 线，压 1 线，挑 1 线，压 1 线，挑 1 线，钩住 a 线。

12. 把 a 线拉向上，钩出左边第一个耳翼左①。

13. 钩针挑第二、四、六行 b 横线，钩住 a 线。

14. 把 a 线拉向下。

15. 钩针如图挑、压，钩住 a 线。

16. a 线拉向右，如图钩出左边第二个耳翼左②。

17. a 线如图向左走线。

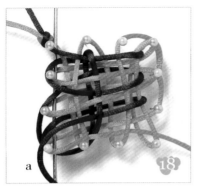

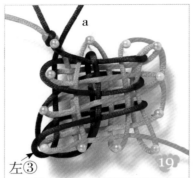

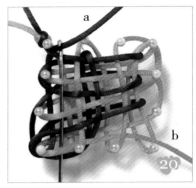

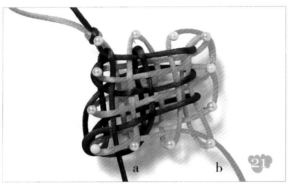

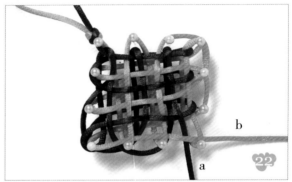

18. 钩针挑 2 线，压 1 线，挑 3 线，压 1 线，挑 3 线，压 1 线，挑 1 线，钩住 a 线。

19. 把 a 线拉向上，钩出左边第三个耳翼左③。

20. 钩针挑第二、四、六行 b 横线，钩住 a 线。

21. 把 a 线拉向下。

22. a 线仿照步骤 19 ~ 22 的方法，走两行竖线。

23. 取出结体，确定并拉出耳翼。

24. 调整好结形，即成复翼盘长结。

叠翼盘长结

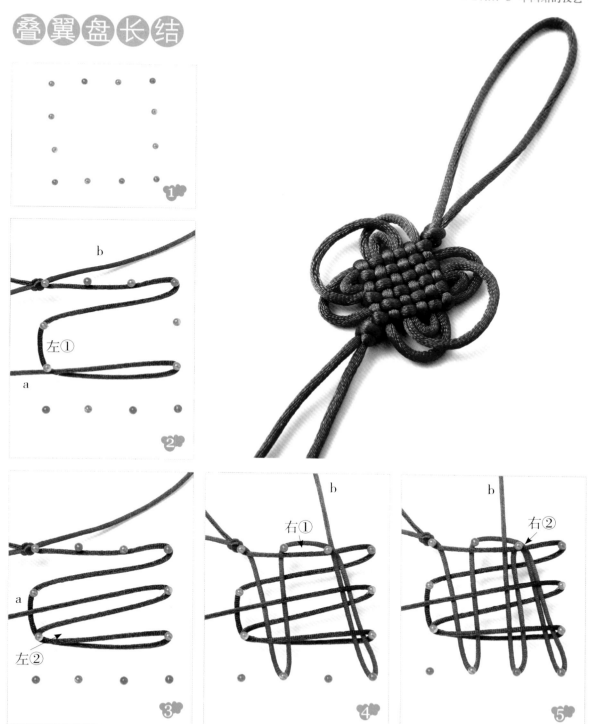

1. 用 12 根大头针插成一个方形（图 1）。
2. a 如图走线，绕出耳翼左①（图 2）。
3. a 如图走线，绕出耳翼左②（图 3）。
4. b 线如图走四行横线，绕出耳翼右①（图 4）。
5. b 线走两行竖线，绕出耳翼右②（图 5）。

6. a线绕出耳翼左③，然后如图走两行竖线（图6、图7）。
注意：钩针从所有横线（六行a横线）的下面伸过去，钩住a线，把a线钩下来。这样，a线包住所有的横线，完成一个包套。后面的步骤是一样的。

7. a线仿照步骤6的方法走两行竖线，绕出耳翼左④（图8）。

8. a线绕出耳翼左⑤（图9）。

9. b线走两行横线，绕出耳翼右③（图10～图12）。
注意：钩针挑、压的方法是：挑2线，压1线，挑3线，压1线，挑3线，压1线，挑1线，然后钩住b线，将b线钩向左，b线再挑第二、四、六行b竖线，向右走一行横线。后面的步骤是一样的。

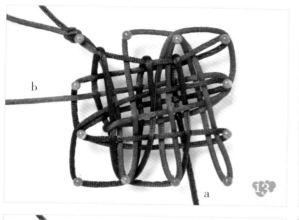

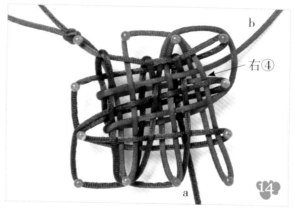

10. b线仿照步骤9的方法走两行横线，绕出耳翼右④（图13、图14）。

11. b线绕出耳翼右⑤（图15、图16）。

12. 取出结体，确定并拉出十个耳翼（图17）。

13. 调整结体，最后，在结尾处打一个双联结即可（图18）。

酢浆草盘长结

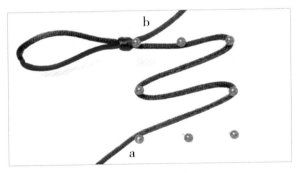

1. a线在大头针上绕出四行横线。

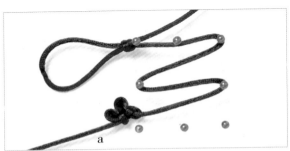

2. a线打一个酢浆草结。

3. b线挑第一、三行横线，走四行竖线。

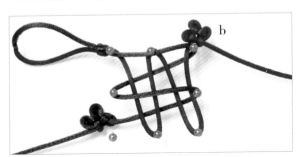

4. b线也打一个酢浆草结。

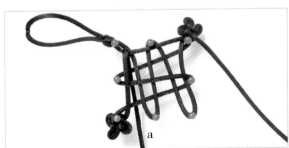

5. a线拉向上，然后用钩针把a线从四行横线的下面钩向下。

6. a线仿照步骤5的方法再做一次。

7. 钩针挑2线，压1线，挑3线，压1线，挑1线，钩住b线。

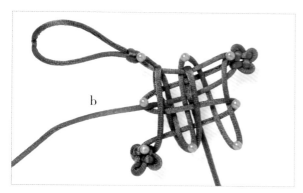

8. 把 b 线钩向左。

9. 如图把 b 线钩向右。

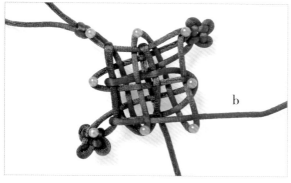

10. b 线仿照步骤 7 ~ 9 的方法再做一次。

11. 取出结体。

12. 调整好结体。

酢浆草蝴蝶结

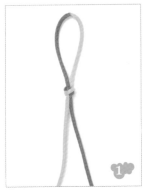

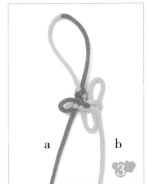

a b

1. 用打火机将红色线和黄色线的一头略烧后对接成一条线，将此线对折后编一个双联结。

2. 在双联结的下端编一个酢浆草结。

3. b线做一个圈，穿进酢浆草结的右耳翼内（红 a 黄 b）。

4. b线再做一个圈，穿进前面做好的圈内。

5. b线走完酢浆草结的最后一步。

6. 把酢浆草结调整好。

7. 用b线在前面做好的酢浆草结的右边再组合完成一个双环结。

8. a线仿照b线的方法，在左边完成酢浆草结和双环结的组合。

9. 两条线在中间组合完成一个酢浆草结。

10. 最后编一个双联结即可。

同心结

1. 用 12 根大头针插成一个方形（注意：同心结和三回盘长结一样，同样是用 12 根大头针插成方形，打法是一样的，只是同心结的两侧分别拉长了一个耳翼，用于放下来做出左右对称的弧形）。

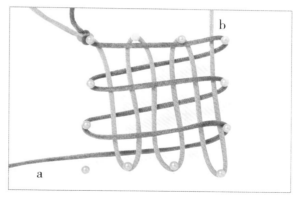

2. a 线在大头针上绕出六行横线。

3. b线挑第一、三、五行a横线，绕出六行竖线。

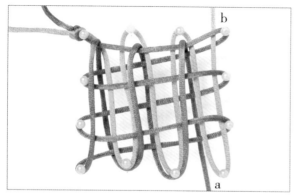

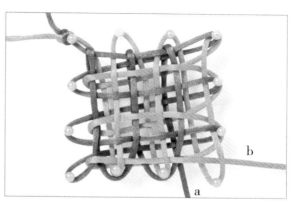

4. a 线包住所有的横线，分别走六行竖线。

5. b 线如图走六行横线。

6. 从大头针上取出结体。

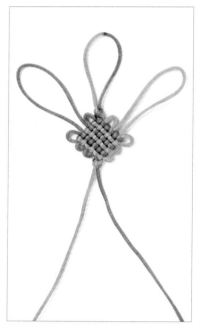

7. 调整结形，分别拉长两侧的一个耳翼。

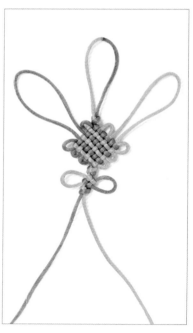

8. 在盘长结下面依次打双联结、酢浆草结、双联结（注意：把酢浆草结两侧的耳翼拉大一些）。

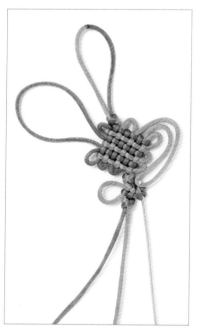

9. 把酢浆草结右侧的耳翼弯起来做一个圈，钩针从圈中伸过去，钩住上面的长耳翼。

10. 把右边的长耳翼钩向下。

11. 左边仿照右边的步骤编结。这样，一个同心结就制作完成了。

法轮结

1. 准备一个塑料圈，用线打一个双联结作为开头。

2. 在双联结下面打一个酢浆草结。

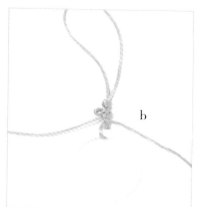

3. b线如图绕过塑料圈。

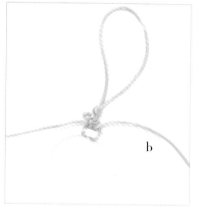

4. b线在塑料圈上打一个雀头结。

5. 把雀头结收紧。

6. b线往右边连续打雀头结。

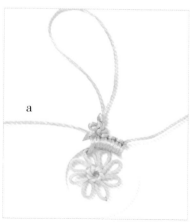

7. 另外用线编一个八耳团锦结（编法参考第48页）。

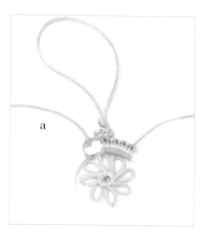

8. a线穿过团锦结的一个耳翼固定。

9. a线往左边继续打雀头结。

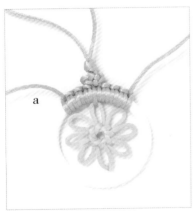

10. a 线仿照 b 线的方法，往左边连续打结。

11. 在编至塑料圈 1/8 时，分别在两边打一个酢浆草结。

12. b 线穿过团锦结的第二个耳翼固定。

13. 两条线如图继续往两边编雀头结。

14. 两边如图各编一个酢浆草结。

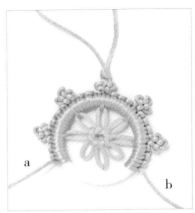

15. a、b 线分别穿过团锦结两边的耳翼固定，然后继续向两边编雀头结。

16. 重复步骤 13、14 的动作继续编结。

17. b 线穿过团锦结的最后一个耳翼固定，刚好将圈填满。

18. 最后，在圈的下面编一个酢浆草结和双联结固定即可。

Part 3 中国结习作演练

白 玉

6号韩国丝90cm1条，玉珠

制作步骤

1. 线对折，在中点打一个金刚结。

2. 固定金刚结，开始编两股辫。

3. 编至合适长度，然后穿珠。

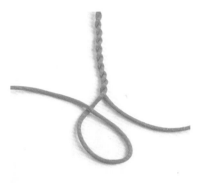

4. 开始打纽扣结，左边的线向上揪出一个圈，线头搭在上面。

5. 右边的线同样揪出一个圈，线头在下面，然后塞进左线的圈里。

6. 然后右线从下面绕过来，压着左线再穿进右圈。

9. 拉紧成结，剪去多余的线头就完成了。

7. 左线头向右绕，穿进左线和右线揪出的第一个圈，从其他线下面出来。

8. 拿起上一步的右线，从两股辫的下面穿过，穿进左线的第一、二个圈和步骤6做出来的圈。

五彩光环

材料 cai liao

五彩线 70cm8 条、30cm1 条

▌ 制作步骤

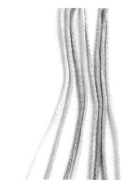

1. 八条线对齐摆放好。

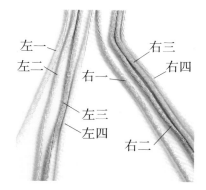

左一
左二
右一
右三
右四
左三
左四
右二

2. 分左右两组，每组四条线。

3. 右边最外侧的右四从下面穿过，绕住左三、左四，压在上面。

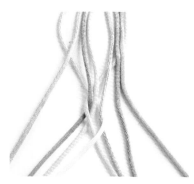

4. 左边最外侧的左一同样从下面向中间穿过，压着右四、右一。

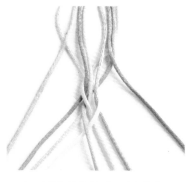

5. 右三从下面穿过，压着左四、左一。

6. 同理，重复步骤3～5，一右一左压着对方中间的两条线，编至合适的长度。

7. 拿起最外侧的两条线，绕住中间的六条线打一个双联结，另一端同样步骤。

8. 首尾剪剩两条线，然后交叠起来，用 30cm 的线打一个双向平结。

9. 留出合适的长度，打死结，去尾即成。

缠缠绵绵

材料 cai liao

绕线 60cm 8 条（不同色），配线 1 条，帽扣 2 个，龙虾扣 1 个

制作步骤

1. 剪取绕线，用火烧一下线头以免散开，用配线把绕线绑好，打一个秘鲁结。

2. 左右各分四条，从右边取一条，自下方绕过，包住左边两条。

3. 从左边取一条，自下方绕过，包住右边两条。

4. 取右边一条，包住左边靠里的两条。

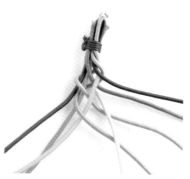

5. 取左边一条，包住右边靠里的两条。

6. 如此重复，取一边最外的一条，包住另一边最里的两条。

7. 依据此法，左右交替编织，至合适长度。

8. 剪去首尾多余的绕线，用火烫合。

9. 首尾涂上胶水，插进帽扣里，装好龙虾扣即成。

返璞归真

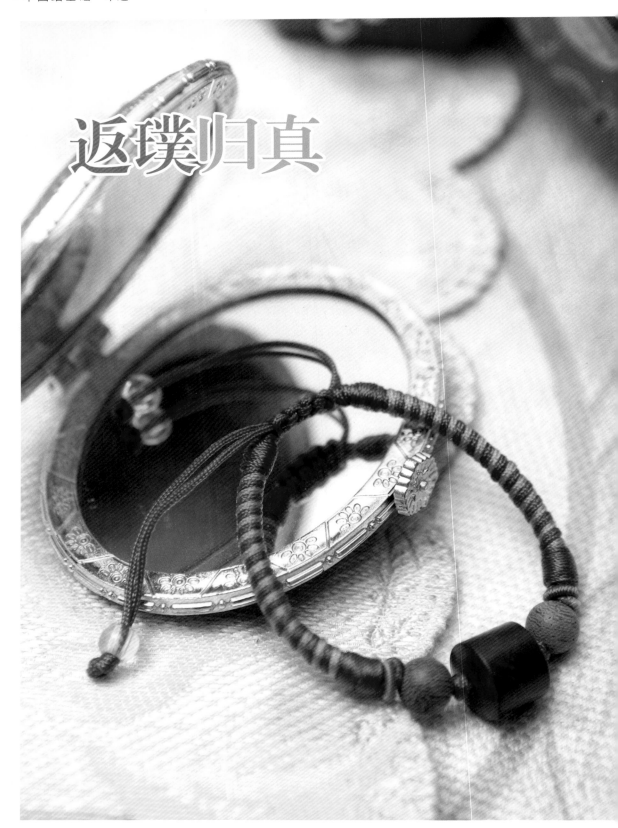

制作步骤

1. 取两条 50cm 的线，对齐，在中间打一个双联结。

A 线 120cm2 条（不同色）、50cm2 条，股线 2 条（不同色），珠子，双面胶

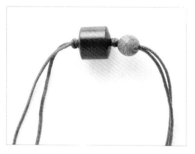

2. 然后穿珠子，用双联结隔开。

3. 用股线在圆珠子后面缠绕出 1cm 的长度。

4. 打一个双联结。

5. 另一边重复步骤 2 ~ 4。

6. 两边留出相同的长度，分别打双联结，再用双面胶缠绕包裹。

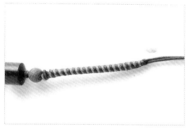

7. 将两条120cm的A线对齐，缠绕在双面胶上，用第二圈压住线头，最后剪去余线。

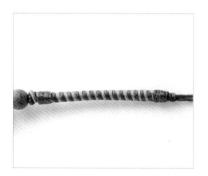

8. 在两色 A 线一头一尾用双面胶包住 0.5cm，再用股线缠绕。

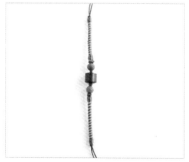

9. 另一边重复步骤 5 ~ 8。

10. 最后用剩余的 A 线打四个双向平结，穿尾珠，打结即成。

禅意丝丝

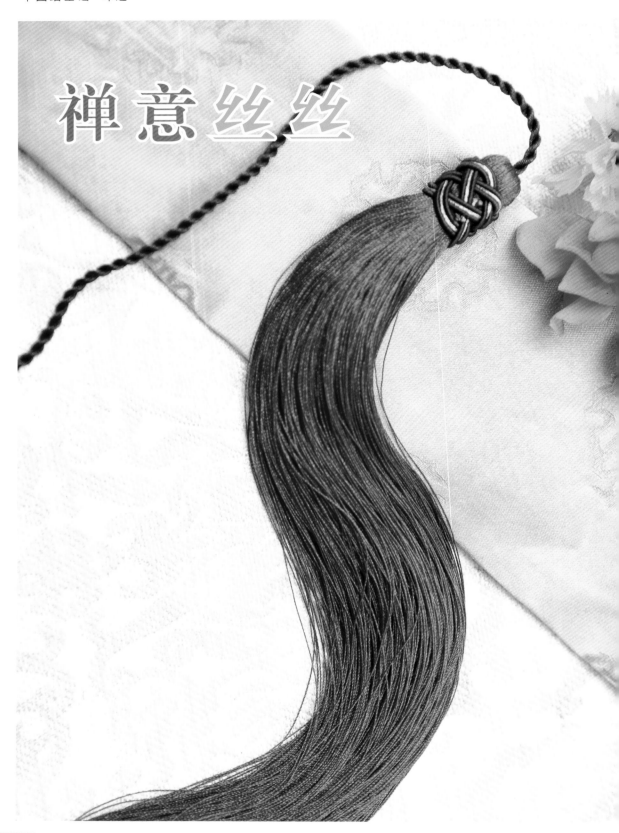

材料 cai liao

6号韩国丝80cm1条，绕线80cm1条，银线80cm1条，三股线（制作流苏用），针，流苏管

制作步骤

1. 直接将韩国丝扭绳，穿流苏管，打死结。

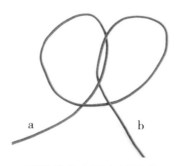

2. 用绕线做出图中的形状。

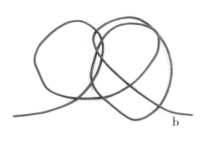

3. b段从下往上穿进第一个圈，压两线穿进第二个圈，压着b段拉出来。

4. b段继续向左绕圈，做压1挑1的动作三次，然后再压1。

5. b段再绕一圈，同样是压1挑1三次，再压1，然后推出形状做成菠萝扣。

6. 包着流苏管，绑股线做流苏。

7. 把流苏套进菠萝扣。

8. 绕线沿着原来的线再走一遍，银线夹在绕线中间走，拉紧剪去余线，制成图中形状。

9. 修齐流苏尾即成。

彩珠

材料 cai liao

A线110cm3条、30cm1条，珠子

▌ 制作步骤

1. 红线为主线，蓝线为辅线打一个雀头结。

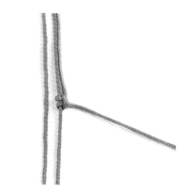

2. 加一条红线。

3. 然后打五个半雀头结。

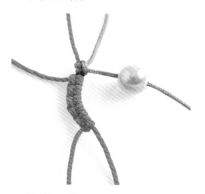

4. 蓝线穿珠。

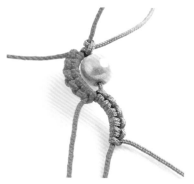

5. 蓝线打五个半雀头结。

6. 红线穿珠。

7. 重复步骤2～6，编至合适长度。

8. 打双向平结。

9. 穿尾珠。

缘 分

材料 cai liao

6号韩国丝线120cm4条，景泰蓝珠子2颗

▌制作步骤

1. 将两条线比齐，如图绕线。

2. 拉紧，成一个蛇结。

3. 分别加两条线，再各打一个蛇结。

4. 中间的蓝线打一个蛇结。

5. 重复步骤2，然后中间两线穿一颗珠子。

6. 打五个蛇结后穿第二颗珠子，再继续打蛇结。

7. 两边打蛇结到适合的长度，剪掉同色的两条余线，火烫线尾固定。

8. 用余线将四条线包住，打平结。

9. 最后留出适当的长度打凤尾结，剪掉余线即成。

安平

材料 cai liao

A线9条（七彩120cm2条，绿色120cm4条、50cm2条、30cm1条）

▋ 制作步骤

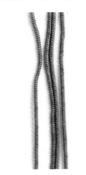

1. 四条120cm的绿线，对齐摆放。

2. 以中间的两条绿线为中线，两侧的绿线包住打三个半的双向平结。

3. 取两条七彩线包住中线打一个双向平结。

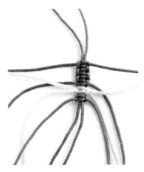

4. 然后，取两条50cm的绿线包住中线打一个双向平结。

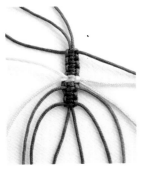

5. 再用原来120cm的绿线接着打两个双向平结。

6. 两边的七彩线从上往下，各绕着50cm的绿线打三个雀头结。

7. 两条50cm的线打一个双向平结。

8. 接着七彩线也打一个双向平结。

9. 重复步骤5~8，编至合适的长度。

10. 用50cm的线打一个双向平结，再用120的线打两个双向平结。

11. 只留下两条中心线，其余剪掉。

12. 首尾相交，用30cm的线打双向平结，留出合适的长度，打死结即成。

百步

材料 cai liao

6号韩国丝100cm5条（不同色）、30cm1条，珠子

制作步骤

1. 五条线并排，外侧两条包住中间的线，打两个双向平结。

2. 以最外侧的一条线为主线，紫线绕着打一个右斜卷结。

3. 其余线重复上一步骤。

4. 下一行重复步骤2，绕着主线打左斜卷结。

5. 手绳的背面，纹理与正面不同。

6. 编至适合的长度。

7. 用外侧的线打两个双向平结，去掉多余的线。

8. 首尾相交，用30cm的线打双向平结，穿尾珠，打死结即成。

小玉象

材料 cai liao

A线80cm12条，股线，塑料环，玉象，珠子，菠萝扣，流苏

▌ 制作步骤

1. 用 8 条 A 线编适合长度的八股辫，首尾用火烫后粘合起来。

2. 加入一条 A 线，对折后，穿入八股辫圈。

3. 穿入菠萝扣，底下两线交叠，用股线绕线一段。

4. 剪掉余线，拉入菠萝扣里，去掉余线，用火烫之后黏合。

5. 同步骤 2 ～ 4 一样的方法，把塑料环和股线圈环环相扣。

6. 最后按顺序穿好流苏、珠子、玉象，打死结即成。

枝芽蔓藤

材料 cai liao

6号韩国丝100cm2条（咖啡色）、70cm2条（米色）、30cm1条（咖啡色）

制作步骤

1. 一咖啡色一米色线为一组，两组线对齐，在线中间打一个双线双钱结。

2. 连续打三个双钱结。

3. 拉紧以上的双钱结。

4. 再打一个双钱结。

5. 拉紧双钱结，然后打死结。

6. 重复打死结到合适的长度。

7. 打一个蛇结。

8. 另一边重复步骤6～7，最后首尾相交，打双向平结，留尾，打死结即成。

叮铃铃

材 料 cai liao

72号线60cm22条，龙虾扣1个，珠子，链子，其他饰品

▌ 制作步骤

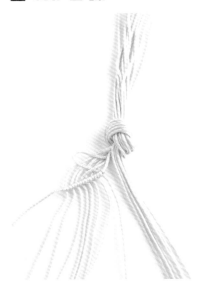

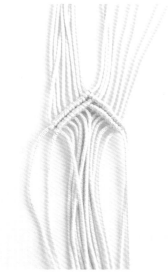

1. 将16条线比齐，固定一头，左右各分8条，取右边一条为主线，用左边每一条绕其打一个斜卷结。

2. 然后取左边一条为主线，右边每一条线绕其打一个斜卷结，把固定的一头松开。

3. 继续取右边一线为主线，左边的线绕其打斜卷结，然后取左边一线为主线，右边的线也绕其打斜卷结。

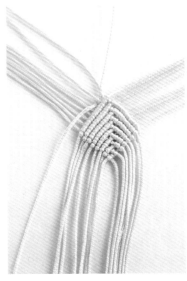
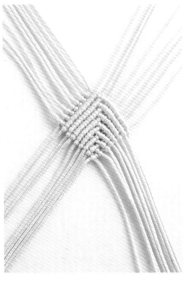

4. 重复以上步骤，共编八行"人"字。

5. 在左上端加线，留出里面第一条线，用加线在第二条上打一个斜卷结。

6. 依次向左打斜卷结至第八条。

7. 再加一条线，从第三条上打斜卷结至第六条线，共四个斜卷结。

8. 再加一条线，从第四条上打斜卷结至第五条线，共两个斜卷结。

9. 右上方也加线打斜卷结，步骤与左边的一样。

10. 用左上方留出来的第一条线，绕着左边所有线打一个斜卷结，右边同样步骤。

11. 把线头剪掉，用火烫一下，然后穿上龙虾扣和链子。

12. 用余线穿珠子，打个双联结，再穿上其他饰品即成。

属意

材料 cai liao

A线120cm1条，股线1卷，包布1段，流苏2条，珠子

制作步骤

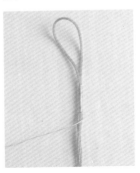
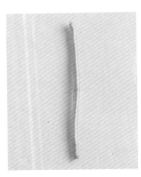
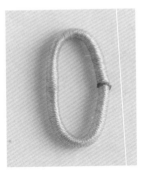
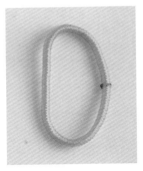

1. 将A线对折，用股线缠绕包着一段A线。

2. 绕至合适的长度，剪掉线头、线尾。

3. 用火略烧两头后对接成圈。

4. 用股线再绕一段A线，长度比第一段绕得略长，同样火烧两头对接。

5. 将第一个线圈放进第二个线圈里，再用包布包起来。

6. 用股线绕8段A线，每段约15cm。

7. 将8段线对接起来。

8. 在一端穿入一条A线，打一个蛇结。

9. 穿珠子、流苏。

10. 用A线在顶端穿过去，对折穿珠子即成。

富贵金丝

材料 cai liao

三股线（制作流苏用），72号线，绕线，金线，景泰蓝珠子，菠萝扣

▌制作步骤

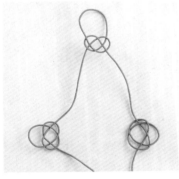

1. 绕线对折，打一个双线双钱结，然后隔一段距离，两条余线分别打单线双钱结。

2. 然后用打了单线双钱结的两线打一个双钱结。

3. 金线在双钱结走线，沿着四个双钱结走一边。

4. 整形，把双钱结拉紧。

5. 绕线打一个双联结，剪掉多余的金线。

6. 穿珠子、菠萝扣，绑流苏。

7. 拉紧流苏，用72号线在双钱结顶端穿过去，对折再穿珠子，其中一条反穿珠子。

8. 珠子两头各打一个死结。

9. 去掉余线即成。

芳华如初

5号韩国丝100cm2条（黄色、淡黄色），股线2把（冰丝线、涤纶线），流苏管1个，钉板，钩子，针

制作步骤

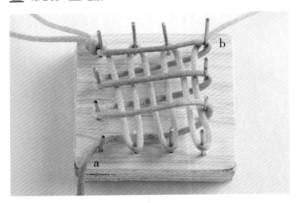

1. 黄色韩国丝打一个双联结，上钉板，a 段先绕横线，接着 b 段拉纵线，如图所示。

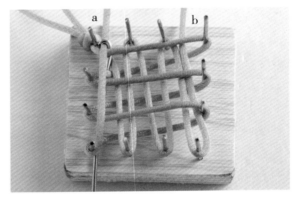

2. a 段在横线上面穿过，钩子在横线下穿过去勾住 a 段。

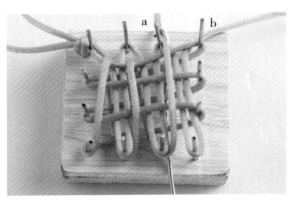

3. 下拉 a 段，然后重复两次，做出上图的形状。

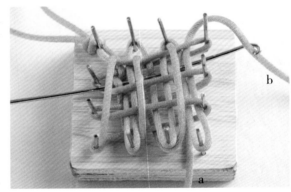

4. 挑起a段的纵线和b段的第二、四、六纵线，钩子伸过去勾住b段。

5. 把b段向左拉，挑起b段的第二、四、六纵线右穿，再重复两遍。

6. 脱板，拉出耳翼，余线打一个双联结。

7. 利用针，把淡黄色韩国丝穿引到盘长结中，走出耳翼的形状。

8. 把流苏管穿入余线。

9. 用涤纶线做出流苏。

10. 然后用冰丝线在流苏上段做绕线即成。

Part 4 | 中国结的日常运用

家庭装饰

逢年过节，中国的大街小巷、屋里屋外都红红火火的，满眼都是红色、金色，充满了喜庆的节日气氛。这时候的环境点缀怎么少的了中国结的身影呢？在家庭装饰里，挂中国结也是有讲究的。

不同的中国结，寓意大不同，在悬挂前应充分了解。福字结表示福气满堂，神星高照；鱼结表示年年富足，吉庆有余；寿字结表示人寿年丰，寿比南山；同心结表示恩爱情深，永结同心；平安结表示一生如意，岁岁平安；祥云结表示吉祥如意，祈保平安；双喜结表示喜上加喜，双喜临门等。

不同的中国结寓意不同，所以可以根据中国结的特别寓意来进行装饰。小一点的中国结可以悬挂在门上，大一点的可以放在家中比较显眼的地方，以表示吉祥的寓意。另外，比较好的方法是，主卧挂盘长结，儿童房挂如意结，老人房挂吉祥结。

中国结分很多种，有保平安的，比如龙船中国结；有增福添寿的，比如嵌"福"字的法轮结；有成对的夫妻结，可一分为二，男女双方各自佩戴一个，既蕴含着缕缕温情，又兼顾了彼此的关心，可谓一举两得。

中国结寓意吉祥，家中悬挂中国结，悬挂的位置也是有讲究的。客厅宜挂在正墙上；走廊也可以挂中国结；卧室一般挂在床头上方比较好，以美观实用为主；书房也可以悬挂中国结。不过，厨房、卫生间、储藏室等处相对来说比较杂乱，所以是不适宜悬挂中国结的。

青丝

材料 cai liao

4号韩国丝180cm1条，银线40cm1条，三股线（制作流苏用），针

▌制作步骤

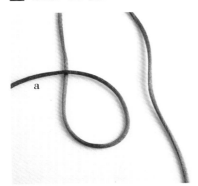

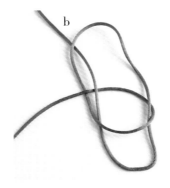

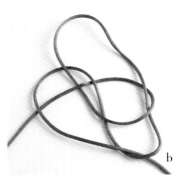

1. 韩国丝对折，留出合适的长度，左边a段摆出图中的形状。

2. 右边b段如图所示，揪出形状，插入a段的线圈里。

3. b段压着a段，如图所示，穿入右边。

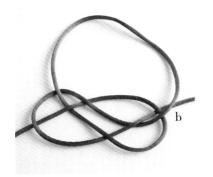

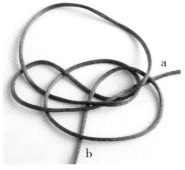

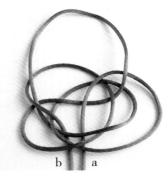

4. 收紧b段，调整出图中的形状。

5. a段右绕，挑起b段源头，压着b线头和圈里的b线，穿入a圈，从其他三线下拉出来。

6. b段从上面穿过a段源头，沿着b线头穿进圈里，与b段比齐。

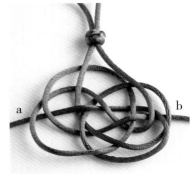

7. 拉紧成一纽扣结。

8. 重复步骤1~4，停在第四步，然后b段再往左边绕一圈，穿回右边，如图所示。

9. a段往右边绕一圈，从中间穿过，在左边两线下拉出，如图所示。

10. 再重复步骤 8 ~ 9，先绕 b 段，总从 a 段源头下左绕，压着 a 段线头，从下穿入 a 段第一个线圈，压着其他线，穿入 b 段第一个耳翼底端，从 a 段所绕的线下穿出；再绕 a 段，总从 a 段第一个线圈和 b 段第一个耳翼之间穿入，经过 b 段所绕出的线下面，压着中间的 a 段，再从 b 段的线圈下穿出。

11. 重复绕线直至 a 段和 b 段的线头上各有五圈线为止，第五圈后，两段线头穿入中间，如图所示。

12. 然后慢慢调整出形状，成十边纽扣结。

13. 用针穿银线，沿着两个纽扣结的纹路绣出银边。

14. 用股线绑流苏。

15. 流苏留出合适的长度，修齐线尾即成。

嬉 戏

材料 cai liao

6号韩国丝120cm，头绳，股线（红色、黄色），金线，
A线，流苏，灯笼配饰，珠子，钉板，钩子，针，双面胶

▌ 制作步骤

1. 头绳接成圈。

2. A 线穿入头绳，用
股线绕线成圈。

3. 同理做出黄线圈，
再用双面胶把接近线
圈那一端包紧，如图
所示。

4. 用黄股线绕圈。

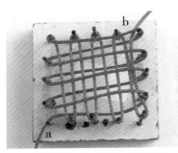

5. 用韩国丝绕出图中形状，a
段从左上角开始绕横线，挑起
第一、三、五、七横线，绕出
b 段纵线。

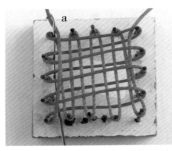

6. a段从线上往上放，钩子从横
线下伸过去勾住a段。

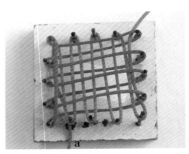

7. 把a段往下拉。

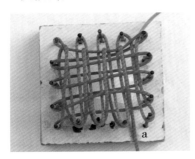

8. 重复步骤 6 ~ 7，做出 a 段
的纵线。

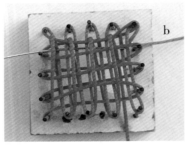

9. 挑起 a 段纵线，b 段第二、四、
六、八纵线，钩子伸过去勾住
b 段。

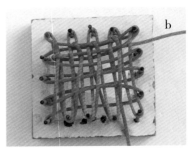

10. 把 b 段左拉后，再挑起 b
段第二、四、六、八纵线，b
段往右穿。

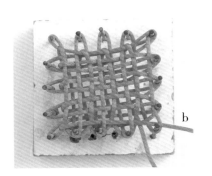

11. 重复步骤 9 ~ 10，穿出四行横线。

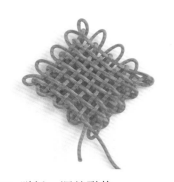

12. 脱板，调整形状。

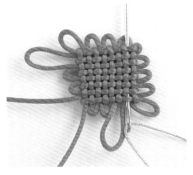

13. 拉出耳翼后，用穿好金线的针沿着纹理穿过去，如图所示。

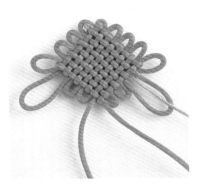

14. 穿过去后把针原路回穿，沿着红耳翼走形。

15. 金线走出所有耳翼的形状，然后把红色尾线去掉。

16. 用头绳上的黄线圈余线把盘长结穿起来。

17. 打一个双联结。

18. 穿珠子。

19. 穿上流苏即成。

金色莲华

材料 cai liao

5号韩国丝120cm1条，头绳，金线，黄色股线，流苏，包布，钉板，钩子，双面胶

▌ 制作步骤

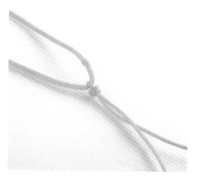

1. 头绳首尾接好，韩国丝穿过头绳，打一个双联结。

2. 用双面胶把近双联结的那一端缠绕，两头绕黄色股线，再用包布绕好。

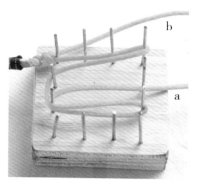

3. 上钉板，a段在顶板上绕出图上的形状。

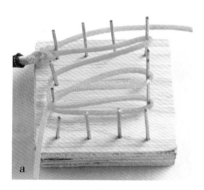

4. 然后a段后绕右边从上往下数第二颗钉子，穿至左三的钉子，放在原两线的中间。

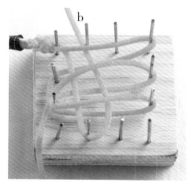

5. 挑起a段第一、三、五横线，把b段拉过来再原路返回。

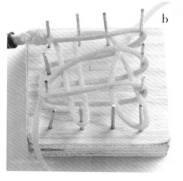

6. 同样的方法拉出b段最右边的纵线。

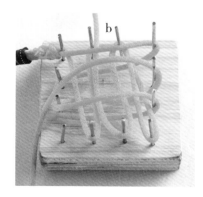

8. a段绕过左下角第一颗钉、横数第二颗钉，从上跨过横线再原路从线下回穿，继续从线上穿过去，钩子从横线下伸过去勾住a段。

7. 再拉出b段中间的纵线。

9. 把 a 段下拉。

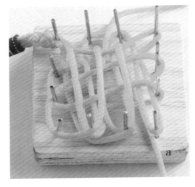

10. a 段左绕两颗钉，从线上过，再从横线下原路拉回。

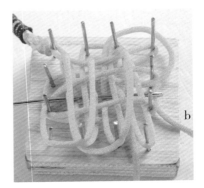

11. 挑起 a 段纵线和 b 段的第二、四、六纵线，钩子伸过去勾住 b 段。

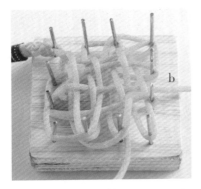

12. 挑起 b 段的第二、四、六纵线，压着其他线往回穿。

13. 然后绕右边第二颗钉，重复步骤 11、12。

14. 下绕右边两颗钉，重复步骤 11、12。

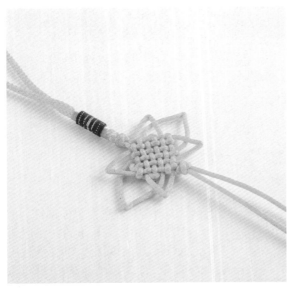

15. 脱板，拉出耳翼，用火烫一下内侧，捏成尖角，尾线打一个双联结。

16. 在盘长结里用金线走出耳翼的形状，加流苏即成。

团聚

材料 cai liao

4号韩国丝210cm2条，流苏线2束，金线2条，木饰1个，钉板，钩子

▌ 制作步骤

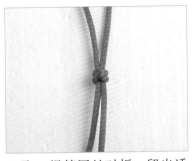

1. 取一根韩国丝对折，留出适当的长度，编一个双联结。

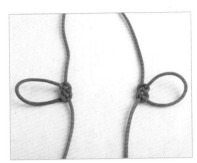

2. 两段线留出适当的长度，各编一个双钱结，如图调整出耳翼。

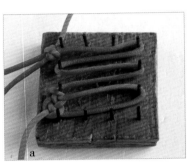

3. 上钉板，如图绕出 a 段线。

4. b 段挑起 a 段第一、三、五段横线，穿出 b 段纵线。

5. a 段由上往下包住横线拉出纵线。

6. 挑起 b 段第二、四、六段纵线和 a 段纵线，压着其他线左穿，再挑起 b 段第二、四、六段线右穿，然后重复两次。

7. 脱板，调整结体。

8. 编一个双联结，穿入木饰后向上编一个秘鲁结。

9. 去掉余线，再取一根线穿入木饰底部，编一个双联结。

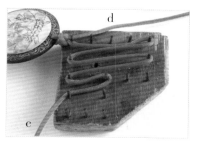

10. 再上钉板，如图绕出 c 段线。

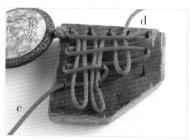

11. 再挑起 c 段单数段线，穿出 d 段纵线。

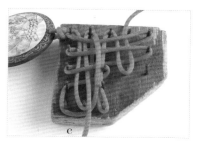

12. c 段下绕三颗钉子，由上往下包住 c 段横线，如图穿出。

13. c 段左绕两颗钉子，从线下右穿。

14. c 段上绕一颗钉子，挑起 c 段上纵线往左下方穿，如图。

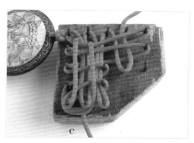

15. c 段下绕一颗钉子，由上往下包住 c 段横线，如图穿出。

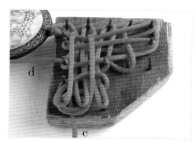

16. d 段右绕三颗钉子，挑起 d 段第二、四、六段纵线和 c 段纵线，压其他线左穿。

17. 挑起 d 段第二、四、六段纵线，d 段右穿，然后上绕两颗钉子压 c 段第二段横线，挑起其他线下穿。

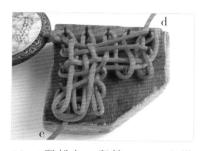

18. d 段挑起 c 段第一、二段横线，d 段上穿。

19. d 段右绕一颗钉子，挑 2 线，压 1 线，挑 3 线，压 1 线，挑 1 线，压 1 线，挑 2 线，d 段左拉。

20. 挑 2 线，压 1 线，挑 2 线，压 1 线，挑 1 线，压 3 线，挑 1 线，压 2 线，d 段往右穿。

21. c 段向右绕两颗钉子，挑 2 线，压 1 线，挑 3 线，压 1 线，挑 1 线，把 c 段左拉。

22. c 段如图挑起 d 段第二、四段纵线右穿。

23. 重复步骤 21。

24. 重复步骤 22。

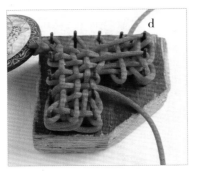

25. d 段下绕一颗钉子，挑 2 线，压 1 线，挑 3 线，压 1 线，挑 1 线，上拉 d 段。

26. 挑起 d 段第二、四段横线，回穿 d 段。

27. 重复步骤 25、26。

28. 调整结体，编一个双联结固定。

29. 两段线分别绑流苏，金线在流苏线上绕线，修齐线尾即成。

月牙

材料 cai liao

B线120cm2条，流苏线2束，金线1束，月牙配件1个，珠子1颗，钉板，钩子

▌制作步骤

1. 取一根B线，对折，留出挂耳编一个双联结、一个双耳酢浆草结，再穿珠子。

2. 两段线回穿入酢浆草结的耳翼，留出适当的长度，各编一个双环结。

3. 上钉板，把a段原来的耳翼套上去，再如图绕出其余横线，开始编叠翼盘长结。

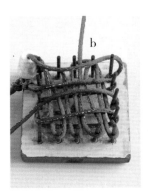

4. b段下绕三颗钉子，如图由上往下包住a段横线。

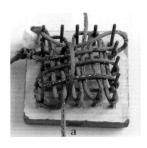

5. a段左绕一颗钉子，与步骤4同理，再包住a段横线，在线下穿出。

6. 同理，再按顺序穿出左边两列a段纵线。

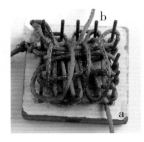

7. b段右绕三颗钉子，挑2线，压1线，挑3线，压1线，挑3线，压1线，挑1线，把线左穿。

8. b段挑起第二、四、六段纵线，向右回穿。

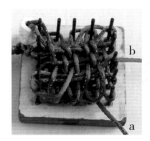

9. 与步骤7、8同理，上绕一颗钉子，穿出横线。

10. 同理，下绕两颗钉子，按顺序再穿两行横线。

11. b线重复步骤7~10。

12. 脱板，调整出结体，余线编一个双联结固定结体。

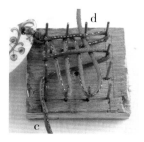

13. 穿入月牙配件，向上编一个秘鲁结固定，配件下穿入另一根 B 线，编一个双联结。

14. 上钉板，c 段绕横线，d 段绕纵线，如图所示。

15. c 段下绕三颗钉子，由上往下包住 c 段横线，再左绕两颗钉子，压着 c 段底下的纵线，在其他线下右穿。

16. c 段上绕一颗钉子，压着 d 段的线，挑起 c 段上纵线左穿。

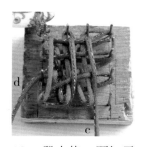

17. c 段下绕一颗钉子，再由上往下包住 c 段横线，c 段如图穿出。

18. d 段右绕三颗钉子，挑 2 线，压 1 线，挑 3 线，压 1 线，挑 2 线，d 段左穿。

19. 挑起 d 段第二、四段纵线，d 段向右穿。

20. d 段上绕两颗钉子，挑起 c 段第一、三、五段横线和 d 段线，压着其他线下穿。

21. d 段勾住钉子，挑起 c 段第一、三、五段横线如图上穿。

22. d 段压 1 线，挑 3 线，压 1 线，挑 2 线，压 1 线，d 段左穿。

23. 挑起第二、四、六段横线，d 段向右回穿。

24. 重复步骤 22、23，做出最下一行 d 段横线。

25. 脱板，调整结体，余线编一个双联结；绑流苏，金线绕流苏，修齐线尾即成。

谨 言

材料 cai liao

4号韩国丝450cm1条，流苏线2束，大木珠1颗，钉板，钩子

▌制作步骤

1. 韩国丝对折，留出挂耳，编一个双联结。

2. 两段线留出适当距离，分别编一个三耳酢浆草结。

3. 上钉板，a 段如图绕线。

4. 挑起 a 段第一、三、五段横线，穿出 b 段纵线。

5. a 段由上往下包绕 a 段横线，拉出纵线。

6. 钩针挑2线，压1线，挑3线，压1线，挑1线，压1线，挑1线，钩住 b 线往左拉出。

7. 挑起 b 段第二、四、六段纵线，压着其他线 b 段向右回穿。

8. 重复步骤 6、7，穿出中、下行横线。

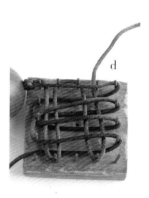

9. 脱板，调整结体，编一个双联结固定结体。

10. 穿木珠，编一个双联结固定。

11. 上钉板，如图绕出 c 段，勾住右上角的钉子，下绕左边两颗钉子，勾住右边第三颗钉子，往回走勾住上一颗钉子，再下绕左边两颗钉子，勾住右边第四颗钉子。

12. 如图，挑起 c 段第一、三、五、七段横线，穿出 d 段纵线。

13. 与步骤 11 同理，d 段左绕一颗钉子如步骤 12 一样下穿勾住钉子，d 段回穿后绕两颗钉子，穿出最右侧的纵线。

14. c 段由上往下包住 c 段横线，拉出左侧纵线，绕下行两颗钉子，继续拉纵线。

15. c 段后绕一颗钉子，继续拉纵线，再在线下右绕两颗钉子，穿出右侧纵线。

16. d 段右绕一颗钉子，压着 d 段第一、三、五、七段纵线，挑起其他线左穿，挑起 d 段第二、四、六、八段纵线，压着其他线往右回穿，穿出横线。

17. c 段纵线同理，d 段下绕两颗钉子如步骤 16 一样来回穿出横线，然后上绕一颗钉子穿出横线，再下绕两颗钉子穿出最下一行横线。

18. 脱板，调整结体，拉出耳翼，编一个双联结固定。

19. 用一段韩国丝绑流苏。

20. 用一段流苏线在流苏顶部绕线。

21. 再绑另一条流苏，修齐线尾即成。

国色天香

材料 cai liao

头绳30cm1条，金线菠萝扣、四边菠萝扣（两色）、拉圈、玉石各1个，
玉珠子2颗，A线30cm1条，绕线80cm2条（红、紫各1条），三股线2扎（红、紫）

▋ 制作步骤

1. 头绳对折，两边同穿入金丝菠萝扣，一边穿玉珠子，头绳火烫，把两头对接起来。

2. 用紫色绕线绕头绳接口1.5cm，然后两色绕线穿头绳、拉圈，再火烫绕线两头接起。

3. 拉圈余线穿玉石，打死结，剪去余线。

4. 紫色绕线编一个吉祥结。

5. 用红色绕线跟着紫色绕线走一遍，拉紧。

6. 翻面，打一个玉米结，拉紧，整出形状后打一个双联结。

7. 用A线把玉石和吉祥结绑好，打死结，去掉余线，吉祥结下面穿四边菠萝扣、珠子。

8. 绑股线做流苏即成。

平安是福

材料 cai liao

A线15cm线1条，头绳2根（40cm、10cm），金线1束，绕线4段，拉圈2个，
菠萝扣3个，玉石配件1个，管状配件1个，流苏1束，线圈、珠子若干

▍制作步骤

1. 长头绳火烫首尾，相接起来，穿进菠萝扣遮住接口。

2. 2段绕线火烫首尾，相接起来，用金线同时包住绕线1cm。

3. 短头绳穿入管状配件，两头各穿入一个线圈，两头插进绕好的一段绕线，再穿进长头绳。

4. 火烫短头绳，首尾相接。

5. 调整方向，两段绕线穿一个拉圈，再两头穿过管状配件，另一头穿进拉圈，然后绕线首尾火烫连接起来。

6. 调整绕线，然后拉圈穿玉石配件，向上编一个秘鲁结固定。

7. 玉石配件底部穿珠子和另外一个拉圈。

8. 拉紧，在小珠子两端剪掉余线，火烫固定。

9. 拉圈线开始穿珠子、菠萝扣。

10. 绑流苏，用菠萝扣包住。

11. 另一边同样步骤，穿珠子、绑流苏。

12. 修齐流苏尾即成。

财源滚滚

材料 cai liao

B线180cm1条，头绳1根，金线1条，菠萝扣1个，
玉石配件1块，木珠1颗，流苏2条，珠子若干，钉板，钩子

▌ 制作步骤

1. 头绳火烫，首尾相接，B线对折穿过头绳，编一个双联结，再穿入菠萝扣。

2. 上钉板，a段如图绕出横线。

3. b段如图挑压a段横线，穿出纵线。

4. a段如图由上往下，包住横线，穿出纵线。

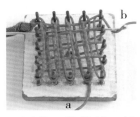

5. 压着a段横线，挑起a段纵线和b段第二、四、六、八段纵线，压着其他b段线钩子右伸过去勾住b段。

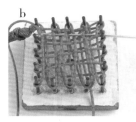

6. 线左拉之后，钩子挑起b段第二、四、六、八段纵线，压着其他线，勾住b段。

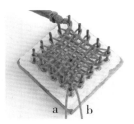

7. 重复步骤5、6，穿出其余b段横线。

8. 脱板，调整结体，编一个双联结。

9. 金线如图插入结体。

10. 用金线包住一个耳翼。

11. 用金线绕所有耳翼一遍。

12. 如图穿珠。

13. 七颗珠子穿成一圈，再做一个珠圈。

14. B线继续穿木珠，编一个双联结，穿入玉石配件向上编一个双联结，在玉石底部穿入B线，按顺序穿入珠子、珠圈、珠子，编一个双联结

15. 两线分别穿入流苏，绑紧，去余线即成。

岁月痕迹

材料 cai liao

4号韩国丝80cm1条，A线100cm1条，拉圈2个，菠萝扣1个，
流苏帽1个，流苏线2束，玉石配件1个，菱形配件1个，珠子若干

▉ 制作步骤

1. 韩国丝对折，留出一个挂扣，
编一个纽扣结。

2. A线对折，穿过挂扣，穿拉圈、
菠萝扣、拉圈、珠子，再编两
个双联结。

3. A线如图交叉穿过玉石配件，
编一个双联结固定。

4. 穿入一个菱形配件，编一个
双联结，再穿入流苏帽。

5. 如图，把两束流苏分别绑好。

6. 流苏如图摆放，插进流苏帽
里用A线绑紧。

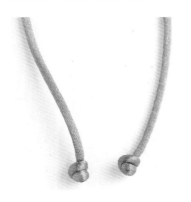

7. 韩国丝线尾分别编一个秘鲁
结，去余线，火烫线尾。

8. 用多余的A线包住韩国丝编四个双线平结。

9. 修齐流苏线尾即成。

巧夺天工

材料 cai liao

头绳20cm1条，6号韩国丝200cm1条，A线40cm1条，
挂饰2个，流苏3条，包布2cm1段，金线1束，针，钩子，钉板

■ 制作步骤

1. 头绳火烫，头尾相接，韩国丝对折，穿过头绳，编一个双联结。

2. 如图，金线包住头绳各绕0.5cm绕线。

3. 包布在两段金线之间包住头绳，韩国丝编一个双耳酢浆草结。

4. 两根线留出适当的长度，各编一个三耳酢浆草结。

5. 上钉板，a段如图绕线。

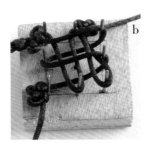

6. 挑起a段第一、三段线，穿出b段纵线。

7. a段包住a段横线，由上往下穿出纵线。

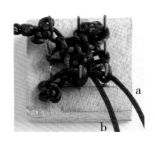

8. 压着b段第一、三段纵线，挑起其他线左穿，再挑起b段第二、四段线，沿着其他线右穿，再重复一次。

9. 脱板，调整形状，尾线编一个双联结。

10. 将A线穿入结体中间，如图所示。

11. 如图穿出图案。

12. 韩国丝尾线编一个纽扣结。

13. 穿入两个挂饰，再编一个纽扣结。

14. 留出合适的长度，两根线分别编一个三耳酢浆草结。

15. 上钉板，c 段如图绕线。

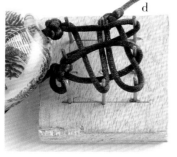

16. d 段如图穿过 c 段，绕出纵线。

17. c 段线包住横线，由上往下穿出纵线，如图所示。

18. 压着 d 段第一、三段纵线，挑起其他线，左穿 d 段线，再挑起 d 段第二、四段线，压着其他线，右穿 d 段，然后再重复一次。

19. 脱板，调整结体，完成一个六耳盘缠结，余线再编一个双联结。

20. 重复步骤 10、11，用 A 线穿出图案。

21. 绑流苏，步骤参考"阖家平安"11 ~ 15，修齐流苏尾即成。

喜结良缘

材料 cai liao

5号韩国丝400cm1条，挂饰1个，黄玉坠子1个，流苏2条，钉板，钩子

▌制作步骤

1. 将韩国丝对折，留出10cm长度，编一个双联结，再编一个双耳酢浆草结。

2. 如图，右线编三个、左线编一个双耳酢浆草结，每个结隔一定的距离，耳翼相扣。

3. 上钉板，左边的耳翼如图穿在钉板上。

4. 右边第一个耳翼从下穿过左耳翼，勾住钉子。

5. 右边第二个耳翼继续从前两个耳翼由下往上穿，勾住钉子。

6. 右边第三个耳翼和右线同样步骤，由下往上穿，勾住钉子。

7. 左线由上往下包绕左边第一个和右边第一个耳翼，然后线头穿入左边酢浆草结的耳翼里。

8. 左线揪出一个耳翼，由上往下插进上一步留出的耳翼里。

9. 继续做耳翼穿插。

10. 拉紧成一个酢浆草结。

11. 左线由下面穿入右线最后一个耳翼，从左边第一、二个耳翼下面往上包绕，再穿回右边最后一个耳翼里，如图。

12. 与步骤 7 ~ 11 同理，再做两个酢浆草结耳翼，最后一个酢浆草结由左右两线编成。

13. 脱板，调整结体成一团锦结，再编一个双联结。

14. 线交叉穿过挂饰，编一个双联结，穿入黄玉坠子，绑着挂饰编一个双联结固定。

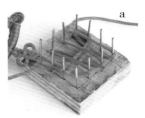

15. 编一个双耳酢浆草结，再编一个双联结，上钉板如图绕出a段。

16. a段继续穿插绕线，先绕中间的上一行，再绕下一行。

17. b段从上向右拉，穿进a段耳翼里，从线下左拉出来。

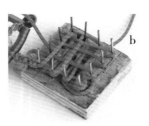

18. b段下一行同样穿线，再向右绕三颗钉子，挑1压1挑1压1挑1压1a段线和挑起b段线上穿。

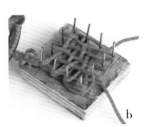

19. 压着b段线，压1挑1压1挑1压1挑1a段线，如图下穿b段。

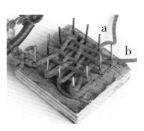

20. b段左绕两颗钉子，挑起a段线，压着b段线右拉，压着最右侧的线穿出来，如图。

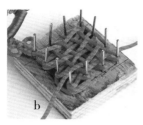

21. 压着其他线，挑起步骤19的b段线，左拉b段。

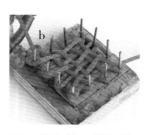

22. b段左绕一颗钉子，由下往上穿挑起b段线，再挑1压1挑1压1挑1压1挑1压1a段线。

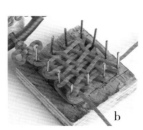

23. 压着其他线，压1挑1压1挑1压1挑1a段线，下穿b段。

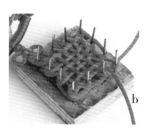

24. 右绕2颗钉子，重复步骤22、23穿出b段线。

25. 脱板，整理结体成复翼盘缠结，编一个双联结，左右两根线分别编双耳酢浆草结，再编成一个双耳酢浆草结。

26. 分两束各绑流苏即成。

汽车装饰

　　汽车里的中国结挂件是时代发展的文化潮流，随着经济的发展，汽车已成为人们不可缺少的交通工具，如何装扮好自己的爱车，营造出时尚、舒适、温馨、安全的氛围，成为越来越多的有车人士关注的重要问题，市场上也出现了琳琅满目、各式各样的汽车挂件。

　　如今汽车内饰品当中，汽车挂件也成了装饰汽车不可或缺的一部分。汽车挂件大多数情况下都是为了讨个吉利，许多汽车车主都会在汽车后视镜上挂上一个大大的福字。然而在庞大的市场需求下，单调的福字已经难以满足人们的市场需求，所以市场上不断涌现出时尚的、富有创意性的新款式，其中包括富有中国传统的中国结挂件，个性化的卡通类型挂件，也有珍贵迷人的玉石挂件。

　　汽车挂件是一种文化，寄托着祝福与期待，体现车主的个性与审美，同时与车内装饰协调搭配。它需要小巧精致，不至于影响驾驶者视线；主体部分不宜过长，以避免刹车时撞击到玻璃；能在行车时轻微晃动，有的能发出轻微的声音，能很好地消除驾驶者的疲劳，增加安全保障，深受人们的喜爱。

佛意

材料 cai liao

头绳1条，绕线30cm1条，A玉线30cm6条，流苏线2束，珠子

▋ 制作步骤

1. 将头绳的两端用打火机略烧后对接成圈。

2. 穿入一颗珠子，用绕线包着头绳绕2cm。

3. 加一条A玉线，如图交叉叠放，用绕线绕2cm。

4. 拉成圈后剪掉余线。

5. 同法再拉一个圈，保留余线作为中线。

6. 中线穿入一颗珠子，编一个双联结，再穿一颗珠子。

7. 穿一串珠圈，如图编一个双联结。

8. 如图穿入珠子。

9. 仿照前面的步骤再做两个拉圈。

10. 用拉圈的余线串入一颗珠子，绑一束流苏线后在顶部绕线，共做两条流苏。

11. 中线分别穿入流苏，如图，分别打死结。

12. 剪去余线，修流苏尾即成。

云游四方

材料 cai liao

4号韩国丝90cm1条，A玉线30cm1条、60cm1条，
B玉线150cm1条，金线40cm1条，接圈，珠子，木质挂件，流苏

制作步骤

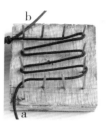

1. 如图，取线对折，B玉线穿过韩国丝。

2. 韩国丝打一个五边菠萝扣。

3. 玉线穿入菠萝扣、接圈、珠子、木质挂件，打死结，剪掉余线。

4. 取A玉线穿过挂件，打一个双联结。

5. 上钉板，a段如图绕出横线。

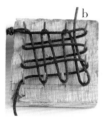
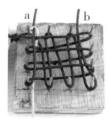
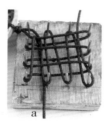

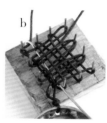

6. b段如图绕出纵线。

7. a段如图往上摆放，钩子从横线下伸过去。

8. 把a段从线下拉出来。

9. 如图，重复做两次，穿好a段纵线。

10. 挑起b段第二、四、六纵线和a段纵线，钩子伸过去勾住b段线。

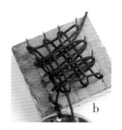
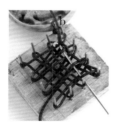

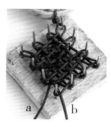

11. 把b段拉下来。

12. 挑起b段第二、四、六纵线，勾住b段。

13. 把b段回穿过去。

14. 重复两遍步骤10～13，穿好b段，如图所示。

15. 脱板成一个十耳盘长结。

16. 调整结体，然后打一个双联结。

17. 走金线。

18. 绑上流苏即成。

旺财

材料 cai liao

5号韩国丝70cm1条， 72号线20cm5条，貔貅1对，玉环1个，流苏1条，珠子若干

▌制作步骤

1. 取5号韩国丝对折，留一段线做挂耳，编一个双联结，穿入一颗珠子，取一条72号线穿过挂耳。

2. 如图再编一个双联结。

3. 72号线的两段线同穿入一颗珠子和玉环。

4-1   4-2   4-3

4. 如图在玉环和珠子之间编一个死结。

5. 取两条72号线穿入玉环，穿一对貔貅。

6. 各编一个死结收尾。

7. 取两条72号线穿入貔貅底部，分别编一个双联结。

8. 各剪掉一段尾线，再用两尾线对穿一颗珠子。

9. 两尾线同穿入一颗珠子，加一条流苏，将流苏线头穿入珠子。

10. 尾线以流苏线头为中心线编一个死结，流苏线头以尾线为中心线编一个死结。

11. 剪掉多余的线，完成。

日 进 斗 金

材料 cai liao

头绳1条，72号线30cm3条，绕线100cm3条，股线，
菠萝扣2个，莲花配件1个，珠子2颗，流苏帽1个，流苏线1束

▋ 制作步骤

1. 将头绳两端用打火机略烧后对接成圈。

2. 加一条72号线，编一个双联结。

3. 往头绳加线的一端穿入一个菠萝扣。

4. 另取一条绕线，开始编双钱结。

5. 共编四个双钱结。

6. 走一条黄色绕线。

7. 再用原来的绕线走一次。

8. 剪掉余线，用打火机略烧，将线尾对接起来，形成一个四方形配件。

9. 如图用72号线穿入一颗珠子和四方形配件，编一个死结收尾。

10. 剪掉余线，然后加一条72号线在如图双钱结的下方，穿入一个莲花配件后，连接下面的双钱结，编一个死结收尾。

11. 另取一条绕线对折，编一个双联结。

12. 加一条72号线，穿入一颗珠子、一个菠萝扣和编好双联结的绕线。

13. 如图编一个死结收尾并剪掉余线。

14. 用绕线穿入一个流苏帽。

15. 绑上一束流苏。

16. 整理好流苏并剪齐，完成。

圣光

材料 cai liao

72号线360cm、40cm、60cm各1条，塑料环1个，珠子若干，佛像1个，流苏2条

▌ 制作步骤

1. 用40cm72号线如图穿珠子。

2. 2段线同穿入一颗大珠子，编两个死结。

3. 穿一个佛头，编一个死结。

4. 剪掉线尾。

5. 加一条60cm72号线，编一个双联结。

6. 用360cm72号线绕着塑料环编雀头结，如图顺时针绕一个圈，用线压着圈。

7. 拉紧线，再顺时针绕一个圈，用线挑着圈。

8. 拉紧线。

9. 重复步骤6~8，直到编满整个塑料环。

10. 剪掉余线。

11. 套入圆环，编两个蛇结。

12. 两段线同穿入一颗珠子，编两个蛇结。

13. 套入圆环，再编两个蛇结。

14. 两段线各穿一条流苏、编两个死结，剪线，完成。

一路平安

材料 cai liao

B玉线300cm1条，头绳1条，拉圈，塑料圆环1个，珠子若干

制作步骤

1. 将头绳穿过拉圈，用打火机略烧后对接成圈。

2. 用头绳和拉圈线各穿入一颗珠子。

3. 加一条B玉线，如图，拉圈线编一个死结绑住玉线。

4. 去掉余线，B玉线编一个双联结。

5. B玉线如图压挑，编一个双耳酢浆草结。

6. 拉紧，调整好结体。

7. 两边再分别编一个三耳酢浆草结。

8. 两条线合在一起编一个双耳酢浆草结。

9. 加入塑料圆环，右线绕着塑料圆环，开始编雀头结。

10. 编至塑料圆环的四分之一处，如图，编三个三耳酢浆草结。

11. 再编成一个双耳酢浆草结。

12. 如图调整结体。

13. 继续编四分之一个圆环的凤尾结。

14. 左边的线同样步骤。

15. 余线分别编一个三耳酢浆草结，再合在一起编一个双耳酢浆草结。

16. 再编一个双耳酢浆草结，然后编一个双联结。

17. 穿珠子，编死结。

18. 剪线，完成。

吉祥

材料 cai liao

5号韩国丝60cm1条，绕线80cm2条，珠子1颗，流苏1条

制作步骤

1. 取 5 号韩国丝对折，左线如图绕一个圈。

2. 右线如图套进左线形成的圈。

3. 右线如图压、挑，从右线形成的圈中穿出。

4. 左线绕到上方，从左右线形成的两个圈中穿出。

5. 右线绕到后方，如图压、挑后，从中间的洞中穿出。

6. 将线拉紧，调整好结体。

7. 留出挂耳，在纽扣结的底部加两条绕线，调整纽扣结的线。

8. 拉紧线。

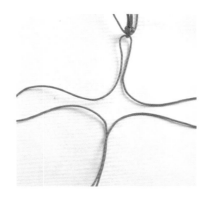

9. 将其余线拉向上方，留下一条绕线如图拉出两个耳翼。

10. 四个方向的线以逆时针相互挑、压。

11. 另一条绕线顺着上一步，走一次线。

12. 拉出耳翼，调整成形，做好一个吉祥结。

13. 编一个双线双联结。

14. 剪掉两段余线。

15. 两线同穿入一颗珠子，编一个双联结。

16. 加一条流苏，编两个死结，剪线即成。

一路顺风

5号韩国丝150cm1条，72号线100cm6条，珠子8颗，菠萝扣8个，流苏2条

制作步骤

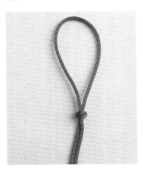

1. 取韩国丝对折，编一个双联结。

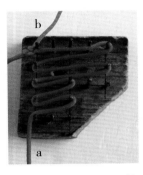

2. a段如图在钉板上绕横线。

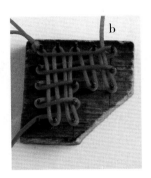

3. b段如图挑起a段为奇数的横线，绕出纵线。

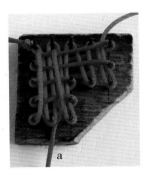

4. a段如图走两个来回，从线上拉上去，在横线下绕出来。

5. b段挑1线，压1线，挑1线，压1线，挑1线，压1线，挑2线，压1线，挑2线，走横线。

6. b段如图挑第二、四、六、八行的纵线，走横线。

7. 重复步骤5、6的动作。

8. a段挑1线，压1线，挑3线，压1线，挑2线，走横线。

9. a段挑第二、四行纵线，走横线。

10. 重复步骤8、9的动作。

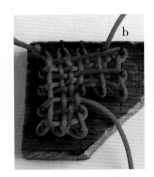

11. b段挑2线，压1线，挑3线，压1线，挑1线，走纵线。

12. b段挑第二、四行横线，走纵线；重复走一个来回。

13. 从钉板上取出结体。

14. 拉出如图耳翼，剪线并用打火机处理好线尾。

15. 加三条72号线到如图位置，编一个死结。

16. 将六段线分为三组，每两条线编一个蛇结。

17. 如图，留出适合的长度，相邻的两组分别用每组其中一条编蛇结。

18. 其他线同样步骤。

19. 包住一颗珠子，六条线合起编一个蛇结。

20. 穿一个菠萝扣包裹蛇结。

21. 重复步骤，穿起两边的珠子，穿流苏，修齐流苏尾即成。

珠圆玉润

材料 cai liao

5号韩国丝100cm1条，绕线150cm1条，金线60cm7条，
A线60cm1条，珠子2颗，流苏线1束，钉板，钩子，针

▌制作步骤

1.韩国丝对折，留出挂耳，编一个双联结。

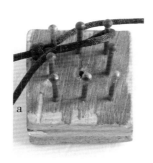

2.上钉板，a段在上行钉子下穿过，勾住右上角的钉子，如图做出第一个耳翼。

3.b段从上行左侧空隙，由下往上穿过耳翼，勾住右边中间的钉子，做出第二个耳翼。

4.b段重复步骤3的编法，穿出第三个耳翼。

5.同样编法，做出第四、五个耳翼。

6.a段下绕一颗钉子，由上穿入上行中间钉子的耳翼，从线下面穿出。

7.a段下绕一颗钉子，由下往上穿入左下角的耳翼，在上一个耳翼下面经过，穿入开头的耳翼里。

8.a段再从上往下穿入左下角的耳翼。

9.右绕一颗钉子同步骤7的编法，穿入左数第二颗钉子的耳翼里。

10.再从上往下穿回下行中间的钉子的耳翼里。

11. 脱板。

12. 取绕线，沿着团锦结走线。

13. 翻面，绕线向左下方穿。

14. 再翻面，回到正面，绕线长端编一个双钱结。

15. 翻面，绕线沿着团锦结走线。

16. 翻回正面，编一个双钱结。

17. 同理，一边走线，一边编双钱结，如图所示。

18. 拉紧，调整结体，韩国丝编一个双联结。

19. 留下一条韩国丝，其余三线剪掉，火烫一下线尾固定。

20. 取一条金线如图缠绕团锦结。

21. 正面绕八下。

22. 背面绕八下。

23. 剪线固定。

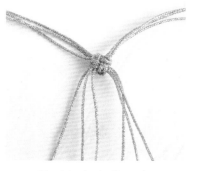

24. 剩下六条金线，每组三条，呈十字摆放，然后编一个方形玉米结。

25. 韩国丝从中间穿过，金线再编一个方形玉米结。

26. 韩国丝穿珠子，金线两两编一个蛇结，绕着韩国丝再编一个方形玉米结。

27. 去掉韩国丝，火烫线尾固定，金线再编蛇结，穿珠子，用一条金线包线绕线 0.5cm。

28. 留下两条金线，其余剪掉，然后流苏线裹着金线，用A线绑定，再绕流苏线1cm宽的绕线，修齐线尾即成。

随身佩戴

　　中国人一向有佩玉的习惯，历代的玉佩形制如玉璜、玉珑等，在其上都钻有小圆孔，以便于穿过线绳将这些玉佩系在衣服上。古人有将印监系节佩挂在身上的习惯，所以流传下来的汉印都带有印钮。而古代铜镜背面中央都铸有镜钮，可以系绳以便于手持。

　　宋代词人张先写过"心似双丝网，中有千千结"。形容失恋后的女孩思念故人、心事纠结的状态。在古典文学中，"结"一直象征着青年男女的缠绵情思，人类的情感有多么丰富多彩，"结"就有多么千变万化。到了清代，绳结发展至非常高妙的水准，式样既多，名称也巧，简直就把这种优美的装饰品当成艺术品一般来讲究。

缨 红

材料 cai liao

A玉线60cm1条，流苏2条，单圈1个，发簪，珠子

▌ 制作步骤

1. 发簪尾端扣上单圈，如图所示。

2. A 玉线对折穿入单圈，打一个双联结。

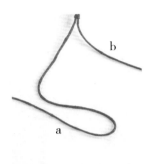

3. a 段弯折出一个耳翼。

4. 线头端接着从上方绕到耳翼下面，如图所示。

5. b 段做一个耳翼插入 a 段的耳翼中。

6. b 段如图所示，穿过 b 段耳翼和 a 段耳翼。

7. 拉紧，调整出一个双耳酢浆草结。

8. 打一个双联结。

9. 穿入珠子。

10. 绑流苏。

11. 另一边同样步骤。

12. 完成。

深 海

材料 cai liao

A玉线150cm1条，珠子，发簪，单圈，流苏

▍制作步骤

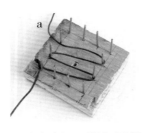

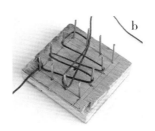

1. 线对折，打一个双联结。

2. 上钉板，a段如图所示绕出横线。

3. b段如图所示，绕出纵线。

4. 然后沿着钉板最右边绕出横线。

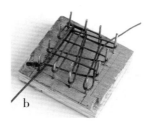

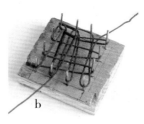

5. 绕住顶部的钉子再原路返回。

6. 挑起第六条横线，如图绕出纵线。

7. b段从上至下绕过a段横线。

8. 如图所示，b段继续绕纵线。

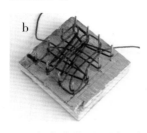

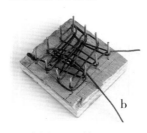

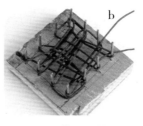

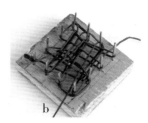

9. b段向右绕过下方顶角的三颗钉子，在中间挑起b段纵线，压着a段的线穿过去。

10. 挑起a段第二、四、六纵线，b段往回穿。

11. b段左绕两颗钉子，从线底下穿过，压着a段第五条纵线穿出，如图所示。

12. b段左绕一颗钉子，如图挑起中间一条横线回穿。

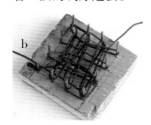

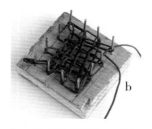

13. 接着右绕钉子，挑起b段第二、四、六纵线，把b段从中穿过去。

14. 挑起b段第二、四、六纵线，b段回穿，然后左绕两颗钉子，重复步骤13、14。

15. 脱板，整理出复翼盘缠结，打一个双联结。

16. 穿珠子，绑流苏，用单圈把结体和发簪穿在一起即成。

洒脱不羁

材料 cai liao

B线140cm6条，珠子

制作步骤

1. 取两条线，同时穿珠子。

2. 珠子两头开始打雀头结。

3. 编至合适的长度即可。

4. 取另外四条线，两两一组，分别打雀头结，与穿了珠子的线同样的长度。

5. 三条线对齐，珠子那条摆中间，然后最外侧的单线包着其余的线打两个双向平结。

6. 另一头同上一步骤，然后剪去多余线头，最后首尾相交，打双向平结，穿尾珠打死结即成。

祈 福

A线100cm1条、50cm1条、30cm1条，藏珠

▋ 制作步骤

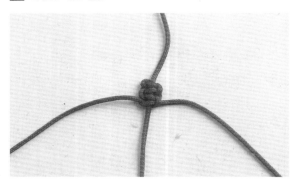

1. 用50cm的线做中线，100cm的线绕着中线打两个双向平结。

2. 中线穿珠子。

3. 两边的线打一个双向平结，再穿珠子。

4. 重复步骤2、3，编至合适的长度，打两个双向平结收尾。

5. 剪去多余的线头，用30cm的线在首尾相交处打双向平结。

6. 穿尾珠，打死结，剪去多余线头即成。

神 兽

材料 cai liao

A线140cm4条（褐色2条、黄色2条）、30cm1条，珠子

▌ 制作步骤

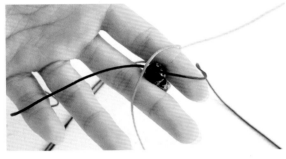

3. 在珠子一头，把褐线分开，中间搭一条黄线。

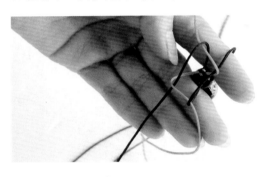

4. 开始打圆形玉米结。

1. 两条褐色线在中间打一个双联结。

2. 穿珠子，用双联结隔开。

5. 编至合适的长度，打一个双联结，剪去多余的黄线。

6. 另一边重复步骤3～5。

7. 首尾相交，用30cm的线打双向平结，穿尾珠打死结即成。

亲 吻 鱼

材料 cai liao

A线90cm4条、30cm1条，银圈，银鱼，珠子

▍ 制作步骤

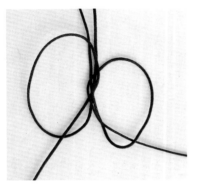

1. 取两条90cm的线，对齐，在中间打一个双联结。

2. 其中一条线穿入银圈。

3. 两线穿入珠子，再绕住银圈后打一个双联结。

4. 穿银鱼，再打一个双联结。

5. 拿起鱼尾，两线分开，在中间放一条90cm的线。

6. 拇指按住中心，开始打圆形玉米结，编至合适的长度，穿珠子。

7. 编至合适的长度，打一个双联结，剪剩两条线。

8. 另一边重复步骤4～7。

9. 首尾相交，打双向平结，穿尾珠，打死结，去线头即成。

雅 素

2号韩国丝70cm8条，铁珠

制作步骤

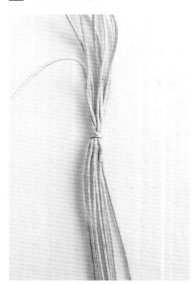

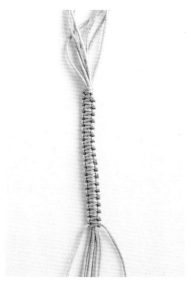

1. 所有线成一束，对齐，取其中一条线包住其他线，打一个双联结。

2. 拿起两条线打双向平结。

3. 编至合适的长度。

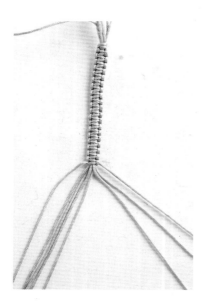

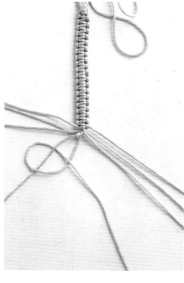

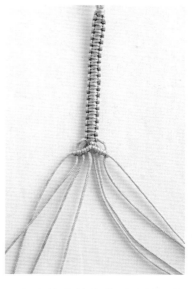

4. 余线分为左边五条、右边三条，为两组。

5. 拿起左边第一条线，用第二条线绕着打两个斜卷结。

6. 左边的其他线分别在第一条线打两个斜卷结，右边的三条线同样步骤。

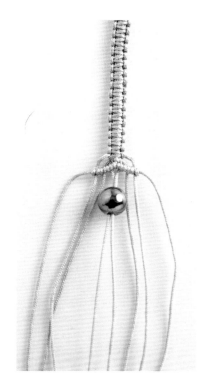

7. 中间两线穿珠子。

8. 两侧的线打斜卷结包住珠子。

9. 外侧的四条线穿珠子后，继续打斜卷结。

10. 重复步骤 7 ~ 9。

11. 穿完珠子，用最外侧的线包住其余的线打双向平结。

12. 首尾相交，打双向平结，穿尾珠，打死结即成。

热 情

材料 cai liao

A玉线180cm20条、30cm1条，珠子2颗

▌ 制作步骤

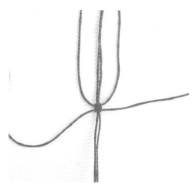

1. 先取4条A玉线，在中部编两个双向平结。

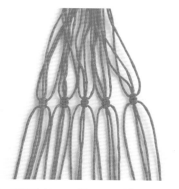

2. 剩下的16条A玉线，以4条为一组，每组如步骤1编两个平结后如图摆好。

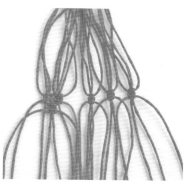

3. 左边的两组，各取相邻的两条线编两个双向平结。

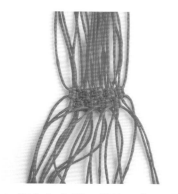

4. 依次向右以4条为一组，再编三组平结，最右留出两条。

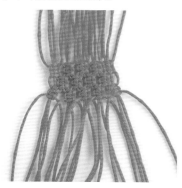

5. 从最左边开始，以4条为一组，共五组，每组编两个双向平结。

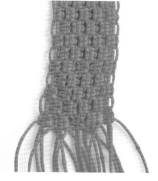

6. 重复步骤3～5的步骤6次。

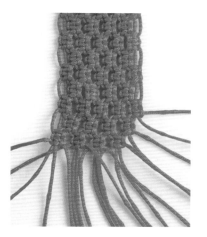

7. 接下来开始做减线编结，剔除右边第一、二条线，以4条一组编四组双向平结；右边再留出两条线，并从右到左编四组双向平结。

8. 左边留出两条线，然后从左到右编四组双向平结。

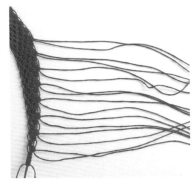

9. 剔除右边第三、四条线，编四组双向平结；右边留两条，编三组双向平结；再编四组双向平结。

10. 如图依次剔除右边的线，编双向平结，最后剩下的 4 条线编 5 个双向平结。

11. 编出如图由粗到细的平结。

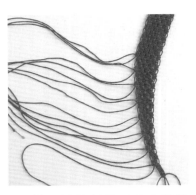

12. 另一端仿照前面的步骤编结，注意剔除的是左边的线。

13. 留出最末端的两条中心线，余者剪线，并处理好线尾。

14. 取 30cmA 玉线包着两端的余线编 4 个双向平结，剪掉玉线。

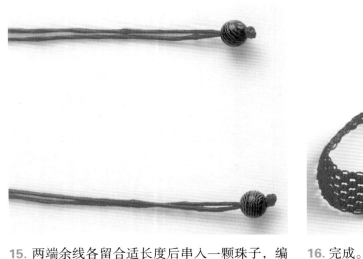

15. 两端余线各留合适长度后串入一颗珠子，编一个死结后剪线。

16. 完成。

白　莲

● 材 料 cai liao ●

A玉线150cm4条、30cm1条，三股线100cm8条，塑料圆环4个，珠花1个，珠子

▋制作步骤

1. 取两条长玉线比齐，在中段打一个双联结。

2. 穿珠花，用双联结固定。

3. 用两条三股线绕着塑料圆环打雀头结。

4. 把剩下的塑料圆环都用三股线编雀头结包起来。

5. 珠花一边的玉线穿圆环，再穿珠子,珠子固定在圆环中间，如图所示。

6. 两边各穿两个圆环和珠子，用双联结间隔开来。

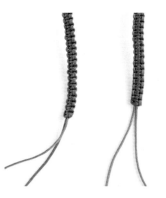

7. 取一条玉线，对折后在一边开始打双向平结。

8. 另一边同样步骤，编平结到适合的长度，剪去余线，用火烫一下线头固定。

9. 两边相叠，用余线包起打四个平结，穿尾珠，剪掉余线即成。

姻　缘

材料 cai liao

A玉线210cm4条、30cm1条，铜钱1枚

制作步骤

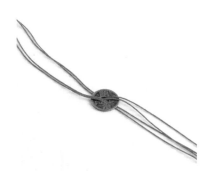

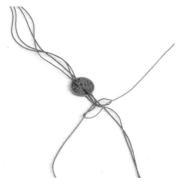

1. 长线分两组，分别穿过铜钱方孔。

2. 取两条A玉线包住其余的线，如图绕线。

3. 拉紧成一个双联结。

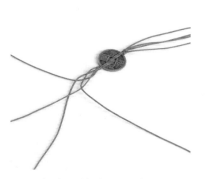

4. 再打一个双联结，另一边同样步骤。

5. 四条线开始编四股辫。

6. 编至合适的长度，打一个双联结。

7. 另一边同样步骤，然后各去掉两条余线。

8. 将线交叠，用余线绕住打平结。

9. 留出适合长度的线尾，打死结，剪掉余线即成。

心 意

材料 cai liao

72号线60cm2条，流苏线1束，股线，珠子

▋ 制作步骤

1.取一条72号线对折，串入珠子，在下端编一个双联结。

2.用股线包住72号线绕2cm长，绕好后打死结。

3.拉成圈。

4.剪掉余线，处理好线尾。

5.加一条72号线，交叉摆好，用股线绕2cm长。

6.拉圈，处理好股线的余线。

7.用拉圈的余线绑上一束流苏线。

8.用股线包着流苏上端绕1cm。

9.修齐流苏线尾，完成。

Part 5 作品欣赏